例題で学ぶ

はじめての
半導体

臼田昭司 著

技術評論社

はじめに

　半導体、トランジスタ、センサ、デバイスの書籍はたくさんあります。本書はこれらをコンパクトにまとめた入門書です。本書の特徴は、随所に演習問題と実験例を入れ、本文の理解を深めることにあります。特に、ダイオードの特性やトランジスタの増幅回路では、実際に"実験しているつもり"になって読むことができます。本文の解説は難しい説明は避け、図やイラスト、写真を用いてできるだけ優しく説明しています。

　本書の各章の概要を次のようになります。

　第1章は、半導体とは何か、結晶とはなにか、について説明します。

　第2章は、真性半導体とこれに不純物を加えた不純物半導体について説明します。半導体特有の考え方であるエネルギーバンド図やフェルミレベル、半導体の電気伝導について説明します。

　第3章は、ダイオードやトランジスタの基本になるpn接合と整流特性、降伏現象とトンネル効果ついて説明します。

　第4章は、npnトランジスタの基本になっている接合トランジスタと電力増幅、エミッタ効率とキャリア到達率について説明します。

　第5章は、ダイオードの電圧－電流特性とトランジスタの3種類の基本特性について説明します。実際に実験で得られた測定結果をもとにこれらの特性について説明します。

　第6章は、トランジスタの増幅回路について説明します。増幅回路の基本になっている電流帰還バイアス法と負荷線について説明します。

　第7章は、トランジスタ増幅回路の設計例について説明します。電流帰還バイアス法をベースにした設計手順を通して負荷線の引き方やトランジスタの出力特性の使い方について説明します。その後実際にトランジスタ増幅回路について製作し、動作確認をします。

　第8章は、トランジスタを2端子対回路として考えたときのパラメータや等価回路について説明します。

　第9章は、その他の半導体デバイスとして、光起電効果と光導電効果を応用した光デバイス、半導体温度デバイス、磁電素子、圧電素子、発光ダイオード（LED）、半導体ガスセンサについて説明します。これらの多くは半導体センサとして応用されています。

　付録は、LEDとホトダイオードを組み合わせたホトカプラ、焦電素子を応用した赤外線センサと赤外線サーモグラフィについて説明します。

　本書は、半導体の基礎からpn接合のメカニズム、pn接合を発展させたnpn

接合トランジスタ、さらにトランジスタ増幅回路の基本的な考え方と設計法の説明に多くのページを割いています。これらの基礎的な考え方は、他の半導体デバイスの基礎になっています。

　すそ野が広い半導体デバイスへの入門のきっかけを得たいと考えておられる読者にとって、本書がひも解く説明が1つの切り口になれば、筆者として望外の喜びです。

　最後に、本書執筆の好機を与えていただいた、技術評論社の諸氏に感謝いたします。

2016年12月　著者

CONTENTS

第1章 半導体と結晶

- **1 – 1** 半導体とは …………………………………………………………… 12
  - 1 – 1 – 1 抵抗率の大きさ …………………………………………… 12
  - 1 – 1 – 2 抵抗率の温度依存性 ……………………………………… 13
  - 1 – 1 – 3 不純物の影響 ……………………………………………… 13
- **1 – 2** 結晶とは ……………………………………………………………… 16

第2章 真性半導体と不純物半導体

- **2 – 1** 半導体のエネルギーバンド図 …………………………………… 20
- **2 – 2** エネルギーバンドギャップと熱エネルギー …………………… 22
- **2 – 3** 不純物半導体 ………………………………………………………… 23
- **2 – 4** 不純物半導体のフェルミ準位とキャリア密度 ………………… 28
- **2 – 5** 半導体の電気伝導 …………………………………………………… 34

第3章 pn 接合

- **3 – 1** pn 接合の基本構成 ………………………………………………… 42
- **3 – 2** pn 接合の整流特性 ………………………………………………… 47
  - 3 – 2 – 1 熱平衡状態 ………………………………………………… 47
  - 3 – 2 – 2 順バイアス ………………………………………………… 48
  - 3 – 2 – 3 逆バイアス ………………………………………………… 49
  - 3 – 2 – 4 pn 接合の電圧—電流特性 ……………………………… 50
- **3 – 3** 降伏現象とトンネル効果 ………………………………………… 54

第4章 接合トランジスタ

4−1 npn トランジスタと電力増幅 …………………………………… 58
4−2 エミッタ効率とキャリア到達率 ……………………………… 63

第5章 ダイオードとトランジスタの電圧―電流特性

5−1 ダイオードの電圧―電流特性 ………………………………… 68
5−2 微分抵抗 ……………………………………………………… 75
5−3 トランジスタの電圧―電流特性 ……………………………… 79
    5−3−1　トランジスタの図記号と特性 …………………… 79
    5−3−2　出力特性 …………………………………………… 83
    5−3−3　伝達特性 …………………………………………… 85
    5−3−4　入力特性 …………………………………………… 88

第6章 トランジスタ増幅回路

6−1 固定バイアス法と電流帰還バイアス法 ……………………… 92
    6−1−1　固定バイアス法 …………………………………… 92
    6−1−2　電流帰還バイアス回路 …………………………… 95
6−2 負荷線と動作点 ……………………………………………… 99
    6−2−1　直流負荷線と動作点 ……………………………… 99
    6−2−2　負荷線を引く場合と動作点を決める場合の注意事項… 103

第7章 トランジスタ増幅回路の回路定数決定と動作実験

- **7-1** 回路定数の決定 ……………………………………………………… 108
  - 7-1-1 負荷線と動作点の決定 ……………………………………… 108
  - 7-1-2 抵抗 R_3 の決定 ……………………………………………… 109
  - 7-1-3 帰還抵抗 R_4 の決定 ………………………………………… 109
  - 7-1-4 抵抗 R_1 と R_2 の決定 ……………………………………… 109
  - 7-1-5 コンデンサ C_1、C_2、C_3 の決定 ……………………… 111
- **7-2** トランジスタ増幅回路の製作と動作実験 ……………………………… 116

第8章 トランジスタのパラメータと等価回路

- **8-1** R パラメータ ……………………………………………………………… 122
- **8-2** h パラメータ ……………………………………………………………… 124
- **8-3** h パラメータとトランジスタの性能 …………………………………… 127
- **8-4** トランジスタの小信号等価回路 ………………………………………… 131

第9章　その他の半導体デバイス

- **9-1** 光起電効果を応用した光デバイス ……………………………… **136**
  - 9-1-1　光起電効果 ………………………………………………… 136
  - 9-1-2　フォトダイオード ………………………………………… 139
  - 9-1-3　太陽電池 …………………………………………………… 144
  - 9-1-4　フォトトランジスタ ……………………………………… 147
- **9-2** 光導電効果を応用した光デバイス ……………………………… **151**
  - 9-2-1　光導電効果 ………………………………………………… 151
  - 9-2-2　CdS ………………………………………………………… 152
- **9-3** 半導体温度デバイス ……………………………………………… **159**
  - 9-3-1　サーミスタ ………………………………………………… 159
  - 9-3-2　IC 温度センサ …………………………………………… 162
- **9-4** 磁電素子 …………………………………………………………… **165**
  - 9-4-1　ホール効果とホール素子 ………………………………… 165
  - 9-4-2　磁気抵抗効果と磁気抵抗素子 …………………………… 167
- **9-5** 圧電素子 …………………………………………………………… **169**
  - 9-5-1　ピエゾ抵抗効果 …………………………………………… 169
  - 9-5-2　半導体ストレンゲージ …………………………………… 171
- **9-6** LED の原理と LED デバイス ………………………………… **175**
  - 9-6-1　LED の発光メカニズム ………………………………… 175
  - 9-6-2　直接遷移と間接遷移 ……………………………………… 177
  - 9-6-3　LED のデバイス構成 …………………………………… 181
- **9-7** 半導体式ガスセンサ ……………………………………………… **184**
  - 9-7-1　半導体式ガスセンサの原理 ……………………………… 184
  - 9-7-2　半導体式ガスセンサの回路構成 ………………………… 185
  - 9-7-3　半導体式ガスセンサでにおいを測定する ……………… 186

付録

付録A フォトカプラ ……………………………………………………… **192**
　　　　　A−1　フォトカプラの基本構成 ……………………………… **192**
　　　　　A−2　フォトカプラの使用例 ………………………………… **193**
付録B 赤外線センサ ……………………………………………………… **195**
　　　　　B−1　焦電素子を使用した焦電型赤外線センサ …………… **195**
　　　　　B−2　ボロメータを使用した赤外線サーモグラフィ ……… **197**
付録C ダイオードとトランジスタの名前 ……………………………… **199**
付録D 半導体の図記号 …………………………………………………… **200**
付録E 元素の周期表 ……………………………………………………… **201**

第1章
半導体と結晶

　多方面に応用されている発光ダイオード、次世代センサ、MOS IC、Si集積回路、LSI、人工知能や自動運転用のチップなど半導体のキーワードが新聞、雑誌、テレビニュースなどに頻繁に出てきます。これらの半導体、論理回路、マイクロコンピュータなどの各種デバイスの基本になっているのが半導体であり、その基礎材料になっているのが結晶です。本章では、以降の章の前段階として半導体の性質と結晶の形態について図を用いてわかりやすく説明します。

1-1 半導体とは

シリコン（Si）、ゲルマニウム（Ge）という言葉は、聞いたことがあるかと思います。これらは半導体の代名詞としてよく使われます。半導体とはなにか？半導体の定義がどのようになっているかを理解するために、3つの特徴をあげて説明します。

1-1-1 抵抗率の大きさ

よく知られているいろいろな物質の抵抗率（固有抵抗 $\rho\,[\Omega\cdot cm]$ という）の範囲を図1-1に示します。半導体の抵抗率はだいたい $\rho = 10^{-4} \sim 10^{10}\,[\Omega\cdot cm]$ の範囲であり、代表的なシリコンの抵抗率は $\rho = 10^{-3} \sim 10^{3}\,[\Omega\cdot cm]$ です。

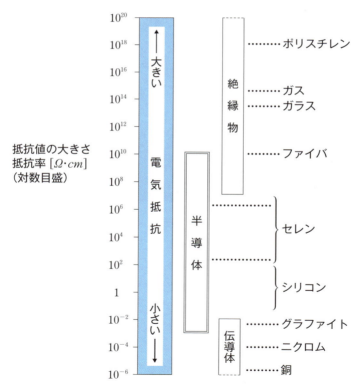

図1-1 いろいろな物質の抵抗率の範囲

1−1−2　抵抗率の温度依存性

半導体の抵抗の温度依存性を図1−2に示します。これは金属と異なる半導体の重要な特性です。同図（a）は、横軸に温度 T を、縦軸に抵抗率 ρ をとったもので、抵抗率は低温では高く、温度の上昇とともに低下していきます。金属の場合は、その逆の特性で、温度上昇とともに抵抗値は大きくなります。

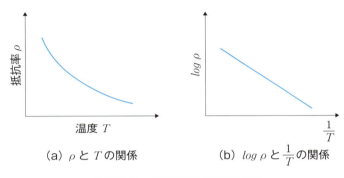

（a）ρ と T の関係　　　（b）$\log \rho$ と $\frac{1}{T}$ の関係

図1−2　抵抗率の温度依存性

次に、この特性の表現を変えたものを同図（b）に示します。すなわち、横軸に温度の逆数 $\frac{1}{T}$ を、縦軸に対数 $\log \rho$ をとったものです。温度特性は右下がりの直線になります。このような表現法を**アレニウスプロット**といいます。

この特性を式で表現すると、

$$\rho = \rho_0 \exp\left(-\frac{A}{T}\right) \quad (ここで、\rho_0 と A は定数) \quad (1-1)$$

となります。抵抗率の温度依存性を示す式です。

1−1−3　不純物の影響

何も入れてない生の半導体（**真性半導体**という）に不純物を入れることをドーピングといいます。これらの詳細については第2章で説明します。シリコン（p 形および n 形とよばれる2種類の Si）の場合の抵抗率の不純物依存性を図1−3に示します。図の例では、不純物の量である不純物濃度を $10^{12}\,[\,1/cm^3\,] \sim 10^{21}\,[\,1/cm^3\,]$ の範囲で変えることにより、抵抗率を $10^{-4}\,[\Omega\cdot cm] \sim 10^{4}\,[\Omega\cdot cm]$ の範囲で変えることができます。すなわち、半導体にドーピングする不純物の量を大きくしていくと、半導体の抵抗率が小さくなります。このように半導体は不純物の影響を受けやすくなります。

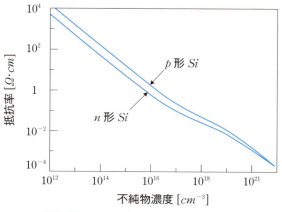

図1-3 不純物濃度と抵抗率の関係

以上の3つの特徴を合わせたものが、半導体とは何か？　の定義になります。

最後に、以降の章でも出てくる抵抗率の中身について説明します。

一般に物質の抵抗Rは抵抗率ρを用いて、次のように与えられます（図1-4）。

$$R = \rho \frac{l}{S} \quad (1-2)$$

（ここで、$l\,[cm]$ は物質の長さ、$S\,[cm^2]$ は物質の断面積）

すなわち、物質の抵抗Rは長さlに比例し、断面積Sに反比例します。ρはこれらの係数になります。物質によって決まる固有の値になります。抵抗率または固有抵抗といいます。

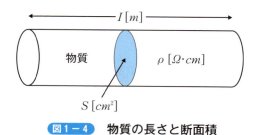

図1-4 物質の長さと断面積

次に、抵抗率ρは次式で与えられます。

$$R = \frac{1}{qn\mu} \quad (1-3)$$

ここで、q は電子の電荷量といわれるもので、$q=1.6\times10^{-19}$ $[C]$（$[C]$ は電荷量の単位で、クーロンと発音）の値をもちます。

半導体では、キャリアと呼ばれる電子と正孔（ホールともいう）が主役となりますが、正孔の電荷量（同じように q と記載する）も同じ値をもちます。生の半導体に注入する不純物のドーピング量（不純物濃度に相当）によって、電子または正孔の数（濃度）n $[1/cm^3]$ を調整することができます。不純物の濃度がそのまま電子または正孔の濃度になると考えます。

μ は移動度（またはドリフト速度という）といわれるもので、電子または正孔の移動する速さを表す物理量として定義されます。単位は、$[cm^2/V\cdot s]$（V は電圧の単位でボルト、s は時間の単位で秒）です。抵抗率 ρ は電子または正孔の移動が速いほど小さくなります。

[例題1－1]

n 形シリコン（Si）に不純物をドーピングした。不純物濃度が $C_1=10^{15}$ $[1/cm^2]$ と $C_2=10^{17}$ $[1/cm^2]$ の場合の抵抗率を求めなさい。ただし、C_1 と C_2 のときの移動度をそれぞれ $\mu_1=1300$ $[cm^2/V\cdot s]$、$\mu_2=600$ $[cm^2/V\cdot s]$ とする。

[解答]

n 形シリコンの場合は、キャリアは電子になります。式（1－3）で計算します。$q=1.6\times10^{-19}$ $[C]$ を使います。

$$C_1 \text{の場合}：\rho_1=\frac{1}{qC_1\mu_1}=\frac{1}{(1.6\times10^{-19})\times10^{15}\times1300}=4.808 \ [\Omega\cdot cm]$$

$$C_2 \text{の場合}：\rho_2=\frac{1}{qC_2\mu_2}=\frac{1}{(1.6\times10^{-19})\times10^{17}\times600}=0.104 \ [\Omega\cdot cm]$$

不純物濃度、すなわち電子濃度が多いほうが、抵抗率が小さくなります。

答：$\rho_1=4.808$ $[\Omega\cdot cm]$　$\rho_2=0.104$ $[\Omega\cdot cm]$

1-2 結晶とは

　半導体には、いくつかの結晶形態があります。大きく分けると、図1－5に示すように、単結晶、多結晶、非晶質の3つの形態があります。
　この形態を電子の移動のイメージで説明すると、図1－6のようになります。単結晶の場合（図1－6（a））は、電子が走るときに結晶間にほとんど障害がないので非常に速く移動することができます。電子の移動度が大きいことになります。
　これに対して、多結晶の場合（図1－6（b））は、結晶間のあちらこちらに障壁があるため障害物競争のように電子は速く移動することができません。電子の移動度が図1－6（a）にくらべて小さいことを意味します。さらに、非晶質の場合（図1－6（c））は、電子の走路に沼や泥田があるような状態で、電子は足を取られて自由に走行することができなくなります。
　このように、半導体の中で電子や正孔を速く走らせるためには、単結晶が必要になります。多くの半導体デバイスは単結晶を使用します。多結晶は、電子の移動度が小さいため限定的なデバイスの用途になります。市販の太陽電池は、単結晶が多く使われていますが、多結晶を使ったものもあります。
　単結晶引き上げ法という製造装置を用いて製造した円柱状の結晶の塊を単結晶またはインゴット、また単結晶を薄く輪切りに切断したものをウェハといいます（写真1－1）。ウェハに不純物をドーピングしてp形およびn形といわれる半導体デバイスを製作します。

(a) 単結晶

(b) 多結晶

(c) 非結晶

図1－5　結晶の形態

第1章 半導体と結晶

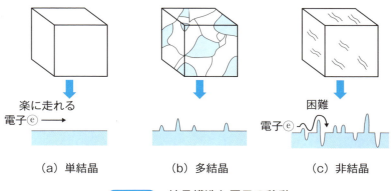

(a) 単結晶　　(b) 多結晶　　(c) 非結晶

図1-6　結晶構造と電子の移動

写真1-1　単結晶インゴットとウェハ

17

第 2 章
真性半導体と不純物半導体

　本章では、真性半導体と不純物半導体について説明します。半導体のエネルギーバンド図、真性半導体に不純物を加えたときのキャリア生成とドナーおよびアクセプタ、p形半導体とn形半導体、不純物半導体のキャリア密度とフェルミ順位について説明します。また、キャリア濃度と移動度の関係および半導体の電気伝導について説明します。

2-1 半導体のエネルギーバンド図

シリコン（Si）の結晶の結合モデルを図2-1に示します。この図では、理解しやすいように2次元で示していますが、実際のシリコンの結合は、図2-2に示すように3次元の立体的構造になっています。このような結合モデルをダイヤモンド構造と呼んでいます。

シリコンのエネルギーバンド図を図2-3に示します。

上のバンドを伝導帯、下のバンドを価電子帯または充満帯といいます。また、真ん中のバンドを禁制帯といいます。このように半導体のバンド図は、3つのバンドに分けることができます。半導体のキャリアと呼ばれる電子と正孔の数に相当する密度分布とこれらが持つエネルギーの関係を示したもので、バンド図の横方向が密度分布を示し、縦方向がエネルギーの大きさを示しています。エネルギーは下から上に向かって高くなります。キャリアの密度分布の単位は、通常、[$1/cm^3$]を用い、キャリアのエネルギーの単位は[eV]（$Electron\ Volt$ の略で、エレクトロンボルトと発音）を用います。

図2-3のバンド図では、電子の密度分布は伝導帯の下部 E_C [eV] 付近に存在し、正孔の密度分布は価電子帯の上部 E_V [eV] 付近に存在することを意味しています。

伝導帯の下部と価電子帯の上部の間が禁制帯で、キャリアが入ることができない領域を示します。禁制帯の幅をエネルギーギャップ（E_G [eV]）といいます。代表的な半導体のエネルギーギャップを表2-1に示します。

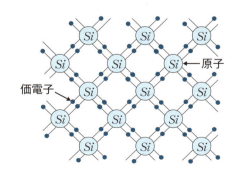

図2-1　シリコン（Si）結晶の平面的模型

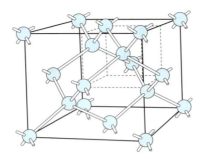

図2-2 シリコン（Si）結晶のダイヤモンド構造

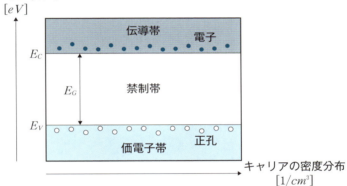

図2-3 エネルギーバンド図

表2-1 半導体のエネルギーギャップ（室温）

半導体	$E_G\,[eV]$
Si	1.11
Ge	0.66
$GaAs$	1.43
GaP	2.25
$InSb$	0.17
ZnS	3.58
$ZnSe$	2.67
$ZnTe$	2.26

2-2 エネルギーバンドギャップと熱エネルギー

シリコンの半導体結晶を室温（27 [°]）中に置いたとします。一般に、**熱エネルギー**は κT（T は絶対温度 [K]、κ はケルビンと発音）で計算することができます。ここで、κ はボルツマン定数といわれているもので、$\kappa = 1.38 \times 10^{-23}$ [J/K] です。κT の単位は [J]（ジュールと発音）です。

したがって、シリコンが室温から得られる熱エネルギーは
$$\kappa T = 1.38 \times 10^{-23} \times (27 + 273) = 1.38 \times 10^{-23} \times 300 = 4.14 \times 10^{-21} \, [J]$$
$$= 0.026 \, [eV]$$

となります。ここで、$1 \, [eV] = 1.6 \times 10^{-19} \, [C] \times 1 \, [V] = 1.6 \times 10^{-19} \, [J]$（ただし、$e = 1.6 \times 10^{-19} \, [C]$ は電子の電荷量です。

一方、シリコンのバンドギャップは表2-1から $E_G = 1.11 \, [eV]$ です。この値は、上で計算した熱エネルギー0.026 [eV] よりはるかに大きい値です。

すなわち、シリコンのバンドギャップ E_G は、
$$E_G = 1.11 \, [eV] \gg \text{エネルギー} \kappa T = 0.026 \, [eV]$$
となるため、シリコンの価電子帯の電子は、室温から得られる熱エネルギーでは上の伝導帯まで上がることができません。

[例題2-1]
シリコンの半導体結晶が127 [°] の部屋に置かれている。価電子帯の電子が得る熱エネルギーを求めなさい。また、この熱エネルギーで、価電子帯の電子は上の伝導帯まで上がることができるかどうか述べなさい。

[解答]
シリコンが127 [°] から得られる熱エネルギーは
$$\kappa T = 1.38 \times 10^{-23} \times (127 + 273) = 1.38 \times 10^{-23} \times 400 = 5.52 \times 10^{-21} \, [J]$$
$$= 0.035 \, [eV]$$
です。この熱エネルギーでもバンドギャップ $E_G = 1.11 \, [eV]$ よりはるかに小さいので、価電子帯の電子は上の伝導帯まで上がることができません。

答：0.035 [eV]　価電子帯の電子は上の伝導帯まで上がることがでない。

2-3 不純物半導体

　トランジスタなどの半導体素子は、シリコン原子と異なる異種原子が不純物として積極的に利用されており、希望する特性を得るために、何もいれていない生の半導体（真性半導体）に不純物をドーピングします。このような方法で、半導体の電気的性質が不純物によって特徴づけられる場合、特に不純物半導体といいます。また、不純物半導体の電気伝導を不純物伝導といいます。

　不純物半導体の代表である、4個の価電子が共有結合しているIV族のシリコン（Si）に、不純物としてIII族およびV族の元素をドーピングする場合について説明します。

　最初に、シリコン原子とゲルマニウム原子について説明します。

　シリコンとゲルマニウムの原子モデルを図2－4に示します。シリコン原子は中心に原子核があり、その周りに電子が14個周回しています。電子はマイナスの電荷をもちます。電子1個の電荷量を $-e$ とすると、14個の電子の電荷量は $-14e$ になります。原子核はプラスの電荷をもった陽子と電荷をもたない中性子から成り立っています。陽子の電荷量は電子の電荷量と等しく $+14e$ となり、陽子の数も14個になります。ちなみに原子核の陽子数が原子番号になります。したがってシリコンの原子番号は14です[※注]。このように、原子自体は電気的には中性です。

　電子がまわる軌道を電子軌道と呼びます。電子軌道は平面ではなく、球状で立体的であると考えて電子殻ともいいます。軌道には名前がつけられています。原子核に近い方からK殻、L殻、M殻、N殻、…と呼びます。各殻には電子を収容できる数の制限があります。K殻は2個、L殻は8個、M殻は18、N殻は32個、…（ $2n^2$ 個、 $n=1, 2, 3$ …）まで電子を収容することができます。また、各殻には、さらに s, p, d, f といった軌道に細分されます。これを副殻といいます。殻と収容できる電子数をまとめた電子配置を表2－2に示します。

　シリコン（原子番号14）の電子数は14個、ゲルマニウム（原子番号32）の電子数は32個で、図2－4に示すように、各殻に電子を入れていくと、一番外側の殻（最外殻という、シリコンはM殻、ゲルマニウムはN殻）の電子の数はどちらも4個になります。すなわち、シリコンはM殻の副殻3p（6個まで入る）に4

※注：付録Eの「元素の周期表」を参照。

個入り、ゲルマニウムはN殻の副殻$4p$（6個まで入る）に4個入ります。このように最外殻の電子の数が4個の原子をIV属原子と呼んでいます。

最外殻にある電子は原子核から離れているために原子核との拘束力（お互いに引き合う力）が弱く、さらに最外殻はまだ電子数は充満していないので、比較的自由に動き回ることができます。外部から何らかの刺激を与えると軌道から飛び出してしまうこともあります。自由電子になりやすいということがいえます。別の言い方をすれば、このような電子は、他の原子と結合するための手（握手する）のような働きをします。

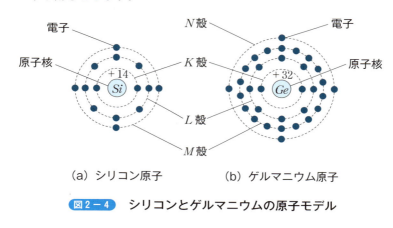

(a) シリコン原子　　　(b) ゲルマニウム原子

図2−4　シリコンとゲルマニウムの原子モデル

表2−2　殻と電子配置

殻名	K	L		M			N			
副殻	$1s$	$2s$	$2p$	$3s$	$3p$	$3d$	$4s$	$4p$	$4d$	$4f$
電子数	2	2	6	2	6	10	2	6	10	14
収容数	2	8		18			32			

次に、シリコン結晶に、不純物として最外殻電子が5個のアンチモン原子（Sb、原子番号51）を加えた場合について考えます。すなわち、シリコンの結晶中の原子とアンチモン原子が置き換わった場合です。結合モデルを図2−5に示します。シリコン原子の最外殻に、アンチモンの5個の電子のうち4個が入り、M殻を共有します。お互いに4つの手を差し出して互いに握手するような結合形態をとります。このような結合を共有結合といいます。そのためアンチモン5個のうち1個の電子は、相手の手がないために残ってしまい、過剰電子となりま

す。過剰電子はどの殻にもはいることができず、もともと原子核とは弱く結合しているにすぎないので、シリコンの結晶中をさまようことになります。このように、IV属のシリコン結晶にV属の不純物であるアンチモンを加えることにより、シリコン結晶に電子を与えることとなります。このような働きをする不純物をドナー（donor）といいます。電子を失ったドナーは陽イオンになります。

このようにして過剰電子をたくさん生み出すようにした不純物半導体を、n形半導体（n-type semiconductor）といいます。

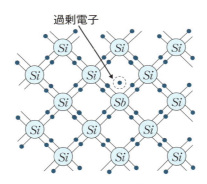

図2－5　シリコンにアンチモンを加えた場合の共有結合

次に、シリコン結晶に、不純物として最外殻電子が3個のガリウム原子（Ga、原子番号31）を加えた場合について考えます。すなわち、シリコンの結晶中の原子とガリウム原子が置き換わった場合です。結合モデルを図2－6に示します。シリコン原子のM殻の4個の電子とガリウムの最外殻電子の3個が手を結び、M殻を共有します。そうすると電子が1個不足してしまいます。シリコンの結合の手が1つ余ってしまいます。不足する電子のことを正孔またはホールといいます。電子を蝉にたとえれば、蝉のぬけがらのようなイメージです。正孔はプラスの電荷をもちます。このように、IV属のシリコン結晶にIII属の不純物であるゲルマニウムを加えることにより、シリコン結晶に正孔を与えることになります。ゲルマニウム原子からみるとシリコン原子から電子を受け取ることに相当します。電子を受けとることをアクセプト（accept）といい、このような働きをする不純物をアクセプタ（acceptor）といいます。電子を得たアクセプタは陰イオンになります。

このようにして正孔をたくさん生み出すようにした不純物半導体を、p形半導体（p-type semiconductor）といいます。

2-3 不純物半導体

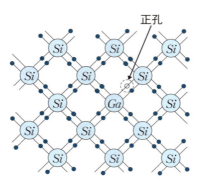

図2-6 シリコンにアンチモンを加えた場合の共有結合

[例題2-2]

原子についての説明について、誤りがあれば訂正しなさい。
(1) 原子核は陽子と電子から成り立っている
(2) 陽子数は原子番号と呼ばれる
(3) 電子の質量は陽子よりも大きい
(4) 質量数は陽子と電子数で決まる

[解答]

(1)は誤りです。原子核は陽子と中性子から成り立っています。

(2)は正しいです。原子核に存在する陽子数は原子番号になります。シリコン Si の場合の原子番号は14なので陽子数は14個です。

(3)は誤りです。電子の質量 (9.02×10^{-31} [kg]) は陽子の質量 (1.67×10^{-27} [kg]) よいも小さいです。

(4)は誤りです。原子の質量数は陽子数と中性子数の合計になります。質量数は周期表（付録E）の原子の下に記載された数字です。たとえば原子番号14のシリコン Si は28.086です。

答：誤りは(1)、(3)、(4)　訂正は上記の説明

[例題2-3]

シリコン結晶に不純物原子のリン（P、原子番号15）を加えた。リンの最外殻には何個の電子が存在するのか答えなさい。また、この不純物半導体は p 形または n 形のいずれの半導体になりうるのか答えなさい。

[解答]

リンの原子番号は15なので、電子の数は15個です。したがって、K 殻に 2 個、L 殻に 8 個、最外殻となる M 殻には残り 5 個が存在します。リンは V 族の原子になります。シリコンとリンが共有結合すると電子が 1 個過剰になります（シリコンの結合の手は 4 つのみなので、リンの手は 1 つ余ります）。すなわちリンはドナーの働きをします。シリコンにリンを加えた不純物半導体は n 形になります。

答：5 個　　n 形半導体

[例題2-4]

シリコン結晶に不純物原子のボロン（B、原子番号 5 ）を加えた。ボロンの最外殻には何個の電子が存在するのか答えなさい。また、この不純物半導体は p 形または n 形のいずれの半導体になりうるのか答えなさい。

[解答]

ボロン（ホウ素ともいいます）の原子番号は 5 なので、電子の数は 5 個です。したがって、K 殻に 2 個、最外殻となる L 殻に残り 3 個が存在します。シリコンとボロンが共有結合するとボロンの電子が 1 個不足します（シリコンの結合の手は 4 つなので、ボロンの手は 1 つ不足します）。ボロン原子からみるとシリコン原子から電子を 1 個受け取ることに相当します。すなわちボロンはアクセプタの働きをします。シリコンにボロンを加えた不純物半導体は p 形になります。

答：3 個　　p 形半導体

2-4 不純物半導体のフェルミ準位とキャリア密度

最初に、不純物半導体のエネルギーバンド図について説明します。

図2-3の真性半導体のエネルギーバンド図にドナーとアクセプタのエネルギーの大きさを加えたバンド図を図2-7に示します。ドナーのエネルギーの大きさはドナー準位（E_D）として伝導帯の最低レベルE_Cとの差で示し、アクセプタのエネルギーの大きさはアクセプタ準位（E_A）として価電子帯の最高レベルE_Vとの差で示します。代表的な不純物のドナー順位とアクセプタ順位を表2-3に示します。例題2-3で示した、n形半導体の不純物原子リン（P）のドナー準位E_Dは、シリコン（Si）の場合は0.045 [eV]であり、ゲルマニウム（Ge）の場合は0.012 [eV]であることがわかります。また、例題2-4で示した、p形半導体の不純物原子ボロン（B）のアクセプタ準位E_Vは、シリコン（Si）の場合は0.045 [eV]であり、ゲルマニウム（Ge）の場合は0.01 [eV]であることがわかります。

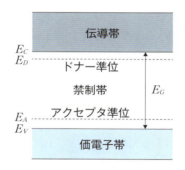

図2-7　不純物半導体のエネルギー準位

表2-3 不純物半導体における不純物のエネルギー準位

不純物の形態	不純物	エネルギー準位 [eV]	
		シリコン	ゲルマニウム
ドナー	Sb	0.039	0.0096
	P	0.045	0.012
	As	0.054	0.013
	Li	0.033	0.0093
アクセプタ	Al	0.067	0.01
	B	0.045	0.01
	Ga	0.072	0.011
	In	0.16	0.011
	Tl	0.3	0.01

次に、フェルミ準位 E_F について説明します。

不純物が入っていない真性半導体のエネルギーバンド図（図2-3）において、フェルミ準位 E_F は、

$$E_F = \frac{E_C - E_V}{2} \tag{2-1}$$

のように定義されます。

すなわち、フェルミ準位 E_F は禁制帯の中央にあり、不純物濃度が増加するに従い、n 形半導体の場合は伝導体 E_C に、p 形半導体では価電子帯 E_V に接近していきます。この様子を図2-8に示します。n 形半導体のドナー密度 N_D が増加していくとフェルミ準位 E_F は伝導体 E_C に接近し（同図 (a)）、p 形半導体のアクセプタ密度 N_A が増加していくとフェルミ準位 E_F は価電子帯 E_V に接近していきます（図 (b)）。

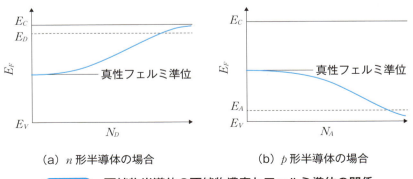

（a）n 形半導体の場合　　（b）p 形半導体の場合

図2-8　不純物半導体の不純物濃度とフェルミ準位の関係

2-4 不純物半導体のフェルミ準位とキャリア密度

このことを念頭に、n形半導体とp形半導体のキャリア密度とフェルミ準位の関係について説明します。

エネルギーバンド図の中の、あるエネルギー準位を電子が占める確率は、フェルミ・ディラックの統計法則に従います。エネルギーEをもつ電子または正孔の存在確率を意味する**分布関数**$f(E)$は、次式で与えられます。

$$f(E) = \frac{1}{1 + exp\left(\frac{E - E_F}{\kappa T}\right)} \tag{2-2}$$

ここで、κ（$= 1.38 \times 10^{-23} [J/K]$）はボルツマン定数で、$E_F$はフェルミ準位です。

エネルギーEと分布関数$f(E)$の関係をキャリア密度とともに示したものが、図2-9です。

n形およびp形半導体の右側の図は、式（2-2）を用いて計算で得られた分布関数の図で、横軸に$f(E)$をとり、縦軸にEをとったものです。エネルギーバンド図に対応して描かれています。ここで、$f(E) = 1$は、キャリアが満杯であることを意味し、$f(E) = 0$はキャリアが存在していないことを意味します。また、$f(E) = \frac{1}{2}$は、キャリアの存在確率が$\frac{1}{2}$であることを意味し、そのときのエネルギーEをフェルミ準位E_Fといいます。n形半導体の場合はフェルミ準位E_Fはドナー準位E_Dより低いレベルになり、p形半導体の場合はアクセプタ準位E_Vより高くなります。

n形およびp形半導体の左側の図は、状態密度関数$N(E)$とキャリア密度の関係をエネルギーバンド図に対応して描いたものです。$N(E)$は統計学では**状態密度関数**といわれているもので、キャリアが存在することができる座席数（座席の密度）に相当します。

電子の密度nは、

　「座席の密度 × 電子の存在確率」
　　＝「状態密度関数$N(E)$×電子の分布関数$f_n(E)$」

で与えられます。

また、正孔の密度pは、

　「座席の密度 × 正孔の存在確率」
　　＝「状態密度関数$N(E)$×正孔の分布関数$f_p(E)$」

で与えられます。

すなわち、状態密度関数$N(E)$と分布関数$f(E)$の積$N(E) \times f(E)$が電子または正孔のキャリア密度になります。禁制帯の場合は、$N(E) = 0$なのでN

$(E) \times f(E) = 0$ となり、電子および正孔密度はゼロになります。

$N(E) \times f(E)$ を用いて電子密度 n と正孔密度 p の分布を求めると、n 形半導体の場合は、伝導体 E_C 付近には電子が多く存在し、価電子帯 E_V 付近には少数の正孔が存在します。一方、p 形半導体の場合は、価電子帯 E_V 付近には正孔が多く存在し、伝導体 E_C 付近には少数の電子が存在します。ここで、多く存在する電子または正孔のことを**多数キャリア**（majority carrier）といい、少数の電子または正孔のことを**少数キャリア**（minority carrier）といいます。n 形半導体の場合は、電子が多数キャリア、正孔が少数キャリア、これに対して p 形半導体の場合は、正孔が多数キャリア、電子が少数キャリアとなります。

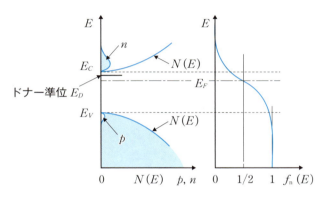

（a）n 形半導体

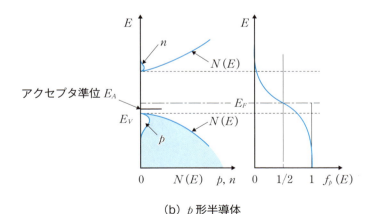

（b）p 形半導体

図2－9 不純物半導体のキャリア密度と分布関数の関係

2-4 不純物半導体のフェルミ準位とキャリア密度

[例題2-5]

半導体についての説明について、誤りがあれば訂正しなさい。
(1) 真性半導体は4個の価電子が共有結合したものである
(2) n形半導体は真性半導体にドナーを加えたものである
(3) アクセプタとは3価の不純物である
(4) 正孔とは価電子の抜けた状態を指す
(5) p形半導体の多数キャリアは自由電子である

[解答]

(1)は正しいです。真性半導体は、シリコン（Si）、ゲルマニウム（Ge）のように4価の純粋な結晶で、4個の価電子が共有結合したものです。伝導帯にはほとんど電子はなく、電界を印加してもほとんど電流は流れません。外部から熱や光のエネルギーを与えると、価電子帯にある電子が伝導帯に励起され、自由電子となって移動することができます（図2-10）。

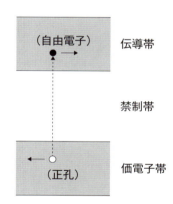

図2-10　真性半導体のイメージ

(2)は正しいです。n形半導体は自由電子が多数キャリアである半導体で、真性半導体にアンチモン（Sb）のような5価の不純物を加えると、伝導帯のすぐ下に自由電子を供給する不純物準位（ドナー準位）を生じ、自由電子のドナーとして作用します（図2-11）。

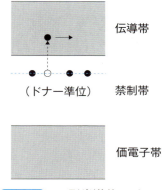

図2−11　n形半導体のイメージ

(3)は正しいです。p形半導体は正孔が多数キャリアである半導体です。真性半導体にガリウム（Ga）のような3価の不純物を加えると価電子帯のすぐ上に正孔を供給する**不純物準位（アクセプタ準位）**を生じ、正孔のドナーすなわち電子のアクセプタとして作用します（図2−12）。

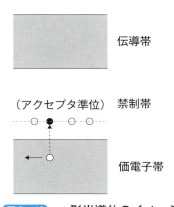

図2−12　p形半導体のイメージ

(4)は正しいです。正孔は価電子帯にあった電子が伝導帯に自由電子となって励起された後の空席となった状態を意味します（図2−10）。

(5)は誤りです。上記(3)で説明したように、p形半導体の多数キャリアは正孔です。

答：誤りは(5)　訂正は上記の説明

2-5 半導体の電気伝導

不純物半導体は、外部から何らのエネルギーが与えられない場合は、熱エネルギー（室温から κT）を得て、不純物であるドナーによって電子が、アクセプタによって正孔が生成されます。このように生成された電子と正孔は、結晶格子や不純物イオン（電子を失ったドナーは陽イオンに、電子を得たアクセプタは陰イオンになる）に衝突しながら不規則な熱運動をしています。このような熱運動をしているキャリアはあらゆる方向に移動しているので、このときは電気伝導は行われません。このときのモデルを図2-13（a）に示します。このような不規則な運動をブラウン運動といいます。

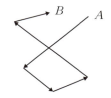

（a）電界がないときの不規則運動　　（b）電界が加わったときの方向性運動

図2-13　半導体の電子の運動

半導体に電界が印加した場合のイメージを図2-14に示します。印加電圧を V とし、半導体の電極間距離を d とすると、電界 E は $E = \dfrac{V}{d}$ となり、半導体には距離にかかわらず一定の電界が加わります。このような電界を平等電界といいます。

キャリアが電子の場合は、電子の運動は、図2-13（b）に示すように、電界の方向と逆方向にドリフトします（正孔は電界の方向と同一方向にドリフトします）。電子は衝突から次の衝突までの間に電界方向に加速され、電界からエネルギーを運動エネルギーとして得ます。このエネルギーは結晶格子との衝突で格子の振動エネルギーに変換され、ジュール熱として失われてしまいます。このためキャリアの速度は無限大にはなり得ません。したがって、キャリアは電界によるドリフトにより電気伝導が行われます。ドリフト（$drift$）とは、**引きずられる**という意味で、この場合、電子や正孔のような荷電粒子が電界に引きずられて移

動するという意味です。

　キャリアの電界方向の移動の平均である平均速度 v_D は電界の強さ E に比例し、次式で与えられます。この平均速度のことを**ドリフト速度**といいます。

　　$v_D = \mu E$ 　　　　　　　　　　　　　　　　　　　　　　　　　（2 − 3）

　ここで、比例定数 μ は**移動度**（$mobility$）といいます。移動度 μ は単位電界が加えられたときのキャリアの平均速度で、単位は $[cm^2/V \cdot s]$ です

　代表的な半導体の移動度を表2 − 4に示します。

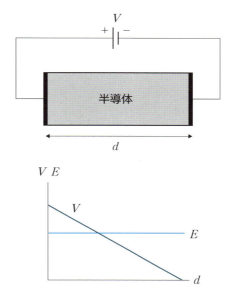

図2−14　半導体に印加する電界のイメージ

2-5 半導体の電気伝導

表2-4 代表的な半導体の移動度（室温の場合）

半導体	移動度 [$cm/V·s$]	
	電子	正孔
Si	1350	480
Ge	3600	1800
$GaAs$	8000	300
$InAs$	30000	450
$InSb$	80000	450
SiC	120	10
$PbTe$	2500	1000

図2-14に示すように、均一な半導体の両端に電圧を加えたときのキャリアの流れは、図2-15のようになります。半導体内の電子は、電界と逆向きに速度 v_{Dn} で、正孔は電界の向きに v_{Dp} で移動し、これにより電流が流れます。このときの電子による電流密度 J_n および正孔による電流密度 J_p は、電子および正孔密度を n および p とすると、

$$J_n = -qnv_{Dn} \tag{2-4}$$
$$J_p = qpv_{Dp} \tag{2-5}$$

で与えられます。ここで、q は電子または正孔の電荷量（1.6×10^{-19} [C]）で、電子の場合はマイナスの符号をとり、正孔の場合はプラスをとります。

電子および正孔のドリフト速度は、式（2-3）より

$$v_{Dn} = -\mu_n E \tag{2-6}$$
$$v_{Dp} = \mu_p E \tag{2-7}$$

となります。式（2-6）のマイナス符号は、負電荷を有する電子が電界と逆向きに移動することを意味しています。

半導体に流れる電流 I は、電流密度を J とすると電流が流れる半導体の断面積を S とすれば

$$I = J \times S$$

となり、電流密度 J は J_n と J_p の和として与えられます。

$$J = J_n + J_p$$
$$= qnv_{Dn} + qpv_{Dp}$$
$$= qn\mu_n E + qp\mu_p E$$

$$= q(n\mu_n + p\mu_p)E \quad (2-8)$$

また、電流密度 J と電界の強さ E との間には、次の関係が成り立ちます。

$$J = \sigma \times E \quad (2-9)$$

ここで、定数 σ は**導電率**といわれるもので、導電率 σ [$1/\Omega\cdot cm$] と抵抗率 ρ [$\Omega\cdot cm$] との間には、$\rho = \dfrac{1}{\sigma}$ の関係があります。すなわち、抵抗率 ρ は導電率 σ の逆数です。

式（2-8）と式（2-9）を比較すると、

$$\sigma = q(n\mu_n + p\mu_p) \quad (2-10)$$

$$\rho = \dfrac{1}{q(n\mu_n + p\mu_p)} \quad (2-11)$$

となります。すなわち、電子と正孔の密度、および移動度が大きいほど半導体の導電率が大きくなり、逆に、抵抗率は小さくなります。

Si 半導体の移動度 μ と不純物濃度の関係を図2-16に示します。不純物濃度が 10^{13} [$1/cm^3$] 以上になると、キャリアの移動が不純物の影響を受けやすくなることがわかります。

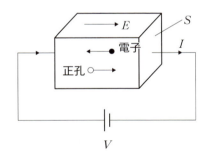

図2-15 電子および正孔による電流

2-5 半導体の電気伝導

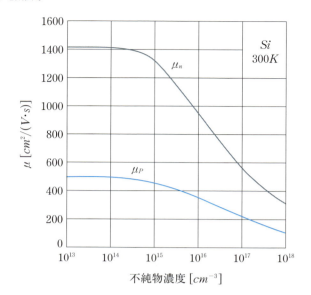

図2-16 移動度 μ と不純物濃度の関係（室温 $300 [K]$ の場合）

[例題2-6]

ある半導体の電子と正孔の濃度、移動度が次のように与えられている。導電率と抵抗率を求めなさい。ただし、電子と正孔の電荷量を $q = 1.6 \times 10^{-19}$ $[C]$ とする。

$n = 5 \times 10^{14} [1/cm^3] \qquad p = 1 \times 10^{13} [1/cm^3]$
$\mu_n = 1400 [cm/V \cdot s] \qquad \mu_p = 500 [cm/V \cdot s]$

[解答]

式（2-10）と式（2-11）を用いて計算します。

$\sigma = q(n\mu_n + p\mu_p)$
$\quad = 1.6 \times 10^{-19} \times (5 \times 10^{14} \times 1400 + 1 \times 10^{13} \times 500)$
$\quad = 0.113 [1/\Omega \cdot cm]$

$\rho = \dfrac{1}{\sigma} = \dfrac{1}{0.113} = 8.850 [\Omega \cdot cm]$

答：$\rho = 0.013 [1/\Omega \cdot cm] \quad \rho = 8.850 [\Omega \cdot cm]$

[例題2－7]

ある半導体の電子と正孔のドリフト速度（v_{Dn}、v_{Dp}）と電界の強さEの関係を図2－17に示す。電子と正孔の移動度（μ_n、μ_p）を概算しなさい。ただし、電界の強さEが5×10^5 [V/m]までの範囲では、v_DとEは比例関係にあるものとし、$E = 5 \times 10^5$ [V/m] のとき $v_{Dn} = 7 \times 10^4$ [m/s]、$v_{Dp} = 1.5 \times 10^4$ [m/s] とする。

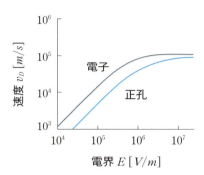

図2－17　電子と正孔のドリフト速度と電界の強さの関係

[解答]

ドリフト速度v_Dと電界の強さEが比例関係にあるということは、本文の式（2－3）が成り立ちます。

したがって、電子の移動度は

$$\mu_n = \frac{v_{Dn}}{E} = \frac{7 \times 10^4}{5 \times 10^5} = 0.14\ [m/V \cdot s] = 14\ [cm/V \cdot s]$$

となり、正孔の移動度は

$$\mu_p = \frac{v_{Dp}}{E} = \frac{1.5 \times 10^4}{5 \times 10^5} = 0.03\ [m/V \cdot s] = 3\ [cm/V \cdot s]$$

となります。

答：$\mu_n = 14\ [cm/V \cdot s]$　$\mu_p = 3\ [cm/V \cdot s]$

第3章
pn接合

　半導体デバイスの基本的な構成要素とその特徴であるpn接合について説明します。pn接合を理解することによって二つのpn接合を組み合わせたトランジスタのしくみを理解することができます。pn接合のキャリアと不純物イオン、不純物イオンが生成する拡散電位差についてpn接合のエネルギーバンド図を用いて説明します。また、pn接合の電圧—電流特性である整流作用、さらに逆方向に電圧を加えたときの降伏現象とトンネル効果について説明します。

3-1 pn接合の基本構成

　*pn*接合は、半導体デバイスの基本構成をなすものです。p形半導体とn形半導体が互いに隣接するp形とn形の2つの領域を、同じ結晶の内部で接合させたとき、その境界領域を **pn接合**（*pn junction*）といいます。p形領域とn形領域は、互いに結晶格子で連続しているので、pn接合を通して電子と正孔の移動が可能となります。

　第2章で説明したように、伝導体の電子は、n形半導体中に多量に存在しますが、p形半導体中ではきわめて少ない量です。このため、濃度勾配による拡散によって電子は接合を通ってn側からp側に移動します。同じように、p形半導体の価電子帯に多量に存在する正孔もp形からn形に拡散により移動します。

　この結果、境界近傍ではn側に正のドナーイオンが、p側には負のアクセプタイオンが取り残されます。これらのイオンは、不純物原子がイオン化したもので、電子や正孔にくらべて重いので動くことができません。そのため、正負のイオンによって電子と正孔の拡散による移動を妨げる向きに **拡散電位差**（または **拡散電位**）V_D が生じます。拡散電位差のことを **電位障壁** または **接触電位差** ともいいます。

　上記の接合前と接合後のキャリアである電子、正孔の移動とドナーとアクセプタによる不純物イオンの関係を図3-1に示します。同図（a）は、pn接合を作る前の不純物イオンとキャリア（電子と正孔）の配置図を示します。•は電子を、○は正孔を示します。同図（b）は、接合後の不純物イオンと、電子と正孔の配置を示します。p領域とn領域の接合領域を遷移領域（または空乏層）といい、この領域にはドナーイオンとアクセプタイオンによる電界が存在することになります。同図（c）は拡散電位差のイメージを示したもので、縦軸に拡散電位差 V_D を、横軸に拡散距離 d を示したものです。拡散電位差によって生じる電界は $E_D = \dfrac{V_D}{d}$ となり、この電界がキャリアの移動を妨げることになります。

　このように半導体の内部で電気的性質の異なる2つの領域の間の遷移部分を接合または **ジャンクション**（*junction*）といいます。

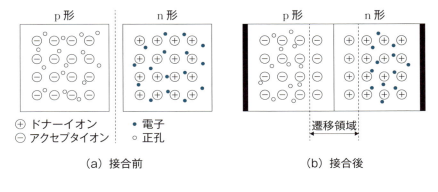

(a) 接合前　　(b) 接合後

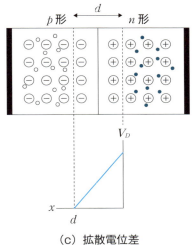

(c) 拡散電位差

図3−1　pn 接合の接合モデル

　pn 接合の作り方にはいくつかの方法があります。目的に応じて使い分けられています。例えば、n 形半導体と p 形不純物を同じ石英管の中に入れて加熱すると、p 形不純物は気体となって n 形半導体の表面から内部に拡散し、n 形半導体の表面を p 形半導体に変えて pn 接合を作ります。製法のイメージを図3−2に示します。このように、半導体結晶中に不純物を拡散させることによって作られる接合を拡散接合（diffused junction）といい、半導体素子、半導体 IC を製作するための重要な製法となっています。

3-1 pn接合の基本構成

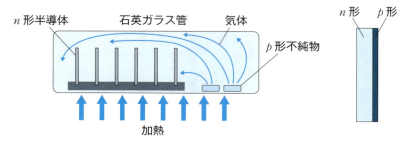

(a) 石英ガラス管の中で不純物拡散　　(b) 拡散後のpn接合

図3-2 pn接合製法のイメージ

次に、上記のpn接合について、エネルギーバンド図を用いて説明します。接合前のp形半導体とn形半導体のエネルギーバンド図を図3-3に示します[※注]。p形半導体の伝導帯最低レベルをE_{Cp}、フェルミレベルをE_{Fp}、アクセプタレベルをE_A、価電子帯最高レベルをE_{Vp}とし、n形半導体の伝導帯最低レベルをE_{Cn}、ドナーレベルをE_D、フェルミレベルをE_{Fn}、価電子帯最高レベルをE_{Vn}とします。

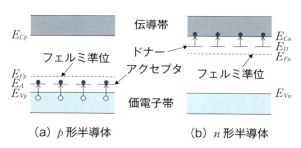

(a) p形半導体　　(b) n形半導体

図3-3 接合前のp形半導体とn形半導体のエネルギーバンド図

次に、接合後のエネルギーバンド図を図3-4に示します。接合後には遷移領域が形成されます。このときの拡散電位差V_Dは、p領域の正孔密度p_p、n領域の正孔密度p_nの比として、次式で与えられます。単位は$[eV]$です。

$$qV_D = q(V_{Fn} - V_{Fp}) = \frac{\kappa T}{q} \log \frac{p_p}{p_n} \quad (3-1)$$

この式からわかるように、p領域の正孔濃度p_pとn領域の正孔濃度p_nの比が

※注:第2章の図2-7と同じ。

大きいほど拡散電位差 V_D が大きくなります。遷移領域内のドナーイオンとアクセプタイオンは結晶中に取り込まれているため移動することができませんが、電子と正孔は拡散電位差によってそれぞれ n 領域と p 領域に移動します。そのため電子と正孔は遷移領域内には存在することはできません。

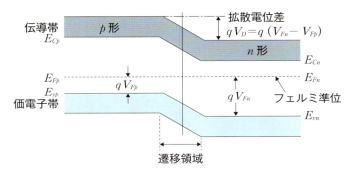

図 3 − 4　接合後のエネルギーバンド図※注

[例題 3 − 1]

温度 $T=300\ [K]$ における p 領域の正孔濃度と電子濃度、n 領域の正孔濃度と電子濃度が次のように与えられている。pn 接合の拡散電位差を求めなさい。

$p_p=3.29\times10^{18}\ [1/cm^3]$、$n_p=1.90\times10^8\ [1/cm^3]$、
$p_n=3.90\times10^{11}\ [1/cm^3]$、$n_n=1.60\times10^{15}\ [1/cm^3]$、

[解答]

pn 接合の拡散電位差は、p 領域の正孔濃度 p_p と n 領域の正孔濃度 p_n の比を用いて、式（3 − 1）で求めることができます。または、n 領域の電子濃度 n_n と p 領域の電子濃度 n_p の比を用いても計算することができます。単位は $[eV]$ です。

$$qV_D = \frac{\kappa T}{q} \log \frac{p_p}{p_n}$$

$$qV_D = \kappa T \log \frac{n_n}{n_p}$$

$$qV_D = \frac{\kappa T}{q} \log \frac{p_p}{p_n} = \frac{1.380\times10^{-23}\times300}{1.6\times10^{-19}} \times \log \frac{3.29\times10^{18}}{3.90\times10^{11}} = 0.179\ [eV]$$

※注：エネルギーバンド図のエネルギーは $[eV]$ の単位で表すので、接触電位差も $qV_D[eV]$ として表している。

●3-1 pn接合の基本構成

または

$$qV_D = \frac{\kappa T}{q} log \frac{n_n}{n_p} = \frac{1.380 \times 10^{-23} \times 300}{1.6 \times 10^{-19}} \times log \frac{1.60 \times 10^{15}}{1.9 \times 10^{8}} = 0.179 \ [eV]$$

が得られます。ここで、ボルツマン定数 $\kappa = 1.38 \times 10^{-23} \ [J/K]$ です[※注]。

答：$0.179 \ [eV]$

※注：第2章の2-2節を参照。

3-2 pn接合の整流特性

3つの異なる条件、すなわち、バイアスを加えない熱平衡状態、順方向に電圧を加えた場合、逆方向にバイアスを加えた場合の pn 接合部のキャリアの振る舞いと、pn 接合の整流特性について説明します。

3-2-1 熱平衡状態

最初に、印加電圧のない熱平衡状態における pn 接合について説明します（図3-5）。

熱平衡状態では、多数キャリアの拡散による電流（$I_{diffusion}$）と拡散電位差によるドリフト電流（I_{drift}）とが平衡して（$I_{diffusion}=I_{drift}$）、接合を流れる全電流は零になります。拡散電位差によって拡散が抑えられるという意味です。n 領域では電位障壁 qV_D よりも高いエネルギー、すなわち E_{Cp} より上のエネルギーを有する電子密度を n_{n0}（図中の斜線部）とすれば、n_{n0} が p 領域の電子（p 領域の少数キャリア）n_p に等しく、全体として両領域の間の電子の移動が行われないためです。正孔についても同様で、E_{Vn} を超える正孔密度 p_{p0} は n 領域の正孔（n 領域の少数キャリア）p_n に等しく、全体として両領域の間の正孔の移動が行われません。

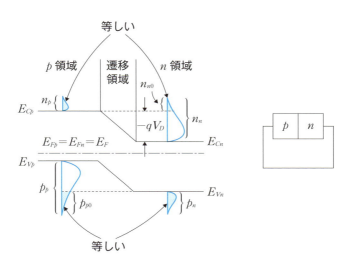

図3-5 熱平衡状態における pn 接合

3−2−2　順バイアス

次に、p 領域に正の電圧、n 領域に負の電圧を加えた場合の pn 接合についてについて説明します（図 3−6）。このような方向に電圧を加えることを**順バイアス**といいます。

印加電圧を V とすると、拡散電位差（以下、電位障壁）は熱平衡状態のときの V_D より V_D-V に減少します。例えば、シリコン半導体の pn 接合の場合は、電位障壁は $V_D=0.6\,[V]$ となるので、印加電圧を $V=0.5\,[V]$ とすると、この場合の電位障壁は 0.5 $[V]$ から $V_D-V=0.6-0.5=0.1\,[V]$ に減少することになります。したがって、n 領域においては電位障壁 V_D-V を超えうる電子密度 n が急増することになります。図 3−6 で説明すると、p 領域の伝導体 E_{Cp} 以上のエネルギーをもつ電子密度 $n_p e^{\frac{qV}{\kappa T}}$ が増加し、p 領域の少数キャリアである電子密度 n_p との密度差（図中の黒く塗りつぶした部分）

$$n_p e^{\frac{qV}{\kappa T}} - n_p = n_p \left(e^{\frac{qV}{\kappa T}} - 1 \right)$$

が大きくなり、これにより電子が n 領域から p 領域に拡散しやすくなります。すなわち、n 領域の電子が p 領域に流れ込みやすくなります。その結果、p 領域の少数キャリアである電子密度を熱平衡状態より増加させることができます。

同じようなことが p 領域の正孔についても起こります。p 領域においても電位障壁 V_D-V を超えうる正孔密度が急増します。すなわち、n 領域の価電子帯 E_{Vn} 以上のエネルギーをもつ正孔密度 $p_n e^{\frac{qV}{\kappa T}}$ が増加し、n 領域の少数キャリアである正孔密度 p_n との密度差（図中の黒く塗りつぶした部分）

$$p_n e^{\frac{qV}{\kappa T}} - p_n = p_n \left(e^{\frac{qV}{\kappa T}} - 1 \right)$$

が大きくなり、これにより正孔が p 領域から n 領域に拡散しやすくなります。すなわち、p 領域の正孔が n 領域に流れ込みやすくなります。その結果、n 領域の少数キャリアである正孔密度を熱平衡状態より増加させることができます。

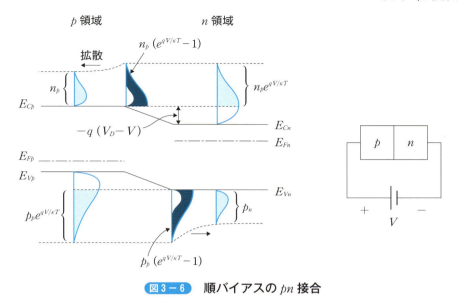

図3−6 順バイアスのpn接合

このように、p領域の少数キャリアである電子密度とn領域の少数キャリアである正孔密度pを熱平衡状態より増加させることにより、順方向電圧を印加したしたときpn接合の抵抗を下げることができます。少数キャリアの密度を熱平衡状態より増加させることを**注入**（injection）といいます。

3−2−3　逆バイアス

次に、p領域に負の電圧、n領域に正の電圧を加えた場合のpn接合について説明します（図3−7）。このような方向に電圧を加えることを**逆バイアス**といいます。p領域に負の電圧すなわち逆電圧 $V<0$ を加えたときは、n領域の電位障壁 V_D は順方向と異なり V_D+V に増加します。このときn領域でp領域の伝導体 E_{Cp} 以上のエネルギーをもつ電子密度 $n\left(=n_p e^{\frac{qV}{\kappa T}}\right)$ は、p領域の少数キャリア n_p より少なくなります $\left(n_p \gg n_p e^{\frac{qV}{\kappa T}}\right)$。このため、p領域の接合付近の電子が接合部の電界によりn領域にドリフトし、接合付近のp領域の電子密度は熱平衡状態時の電子密度 n_0 よりも低くなります。

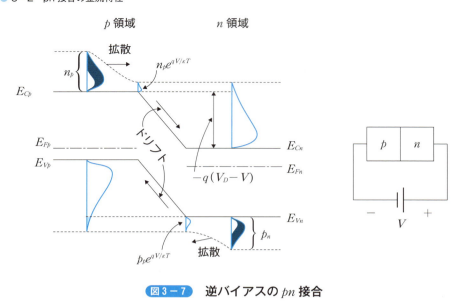

図3-7 逆バイアスの pn 接合

同様のことが、p 領域の正孔についても起こります。p 領域で n 領域の価電子帯 E_{Vn} 以上のエネルギーをもつ正孔密度 $p\left(=p_n e^{\frac{qV}{\kappa T}}\right)$ は、n 領域の熱平衡状態時の少数キャリア p_n より少なくなります $\left(p_n \gg p_n e^{\frac{qV}{\kappa T}}\right)$。このため、$n$ 領域の接合付近の正孔が接合部の電界により p 領域にドリフトし、接合付近の n 領域の正孔密度は熱平衡状態時の正孔密度 p_0 よりも低くなります。

この結果、逆方向電圧をいくら高くしても、逆方向電流はほとんど流れず、極めて少ない一定電流が流れるのみです。

3-2-4 pn 接合の電圧-電流特性

pn 接合の電圧-電流特性について説明します。以上の説明から、pn 接合の電圧-電流特性は図3-8のようになります。整流特性を示します。図中の第1象元（pn 接合の p 領域に正電圧、n 領域に負電圧を加えたときの電圧―電流特性）では電圧の増加に伴い、電流が急激に増加します。ここで、電流の流れやすい方向の電圧を順電圧（*forward voltage*）、このときの電流を順電流（*forward current*）といいます。第3象元（pn 接合の p 領域に負電圧、n 領域に正電圧を加えた電圧-電流特性）では、電流はほとんど流れず、この方向に印加された電圧を逆電圧（*reverse voltage* または *backward volatge*）、電流を逆電流（*reverse current* または *backward current*）といいます。

　pn 接合の順電流 $I(V)$ は、順電圧 V の関数として次式で与えられます。このような式を実験式といいます。多くの実験結果をもとに導き出された式なのでこのように呼びます。

$$I(V) = I_S \left\{ exp\left(\frac{qV}{m\kappa T}\right) - 1 \right\} \tag{3-2}$$

　ここで、I_S は逆方向飽和電流で、シリコンやゲルマニウムなどの半導体の *pn* 接合固有の値です。*m* は**ダイオード係数**と呼ばれ、小電力用の汎用のゲルマニウム（*Ge*）ダイオードの場合は $m=1$、シリコン（*Si*）ダイオードの場合は $m=2$、発光ダイオード（*LED*）の場合は $m=3$ としています。これらの値は、ダイオードに流す電流が数 $10mA$ という小電流の範囲で成り立ちます。κ はボルツマン定数 (1.38×10^{-23} $[J/K]$) で、T は絶対温度 $[K]$ です。

　一般に、ダイオード係数は、理想係数ともいわれており、通常は 1 から 2 の間の値をとります。*pn* 接合の結晶性などの品質で影響を受ける数値でもあるので、*pn* 接合の品質の良し悪しを評価することができます。

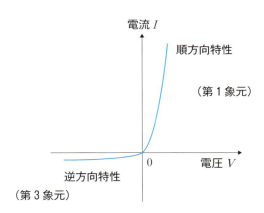

図3-8　*pn* 接合の電圧-電流特性

3-2 pn接合の整流特性

[例題3-2]

 pn接合に順電圧 $V=0\,[V]$、$0.1\,[V]$、$0.15\,[V]$、$0.2\,[V]$ を加えたときのそれぞれの順電流を求めなさい。また、下記の方眼紙（図3-9）に計算値をプロットし、さらにプロット間を曲線で結びなさい。ただし、単位電荷（電子または正孔）の電荷量を $q=1.6\times 10^{-19}\,[C]$、絶対温度を $T=300\,[K]$、ダイオード係数を $m=1$、逆方向飽和電流を $I_S=1.2\times 10^{-6}\,[A]$ とする。

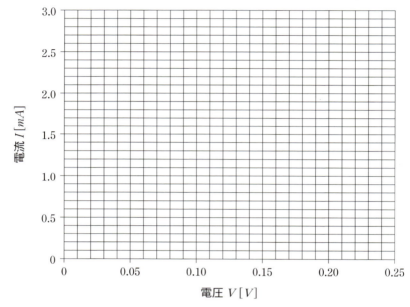

図3-9　方眼紙

[解答]

式（3-2）で計算します。
$V=0\,[V]$ のとき、

$$I(0)=1.2\times 10^{-6}\times \left\{exp\left(\frac{1.6\times 10^{-19}\times 0}{1\times 1.38\times 10^{-23}\times 300}\right)-1\right\}$$
$$=1.2\times 10^{-6}\times \{exp(0)-1\}$$
$$=1.2\times 10^{-6}\times \{1-1\}=0\,[A]$$

$V=0.1\,[V]$ のとき、

$$I(0.1)=1.2\times 10^{-6}\times \left\{exp\left(\frac{1.6\times 10^{-19}\times 0.1}{1\times 1.38\times 10^{-23}\times 300}\right)-1\right\}$$
$$=1.2\times 10^{-6}\times \{exp(3.865)-1\}$$

$$= 1.2 \times 10^{-6} \times \{47.7 - 1\} = 0.000056\,[A] = 0.056\,[mA]$$

$V = 0.15\,[V]$ のとき、

$$I(0.1) = 1.2 \times 10^{-6} \times \left\{ exp\left(\frac{1.6 \times 10^{-19} \times 0.15}{1 \times 1.38 \times 10^{-23} \times 300}\right) - 1 \right\}$$

$$= 1.2 \times 10^{-6} \times \{exp\,(5.797) - 1\}$$

$$= 1.2 \times 10^{-6} \times \{329.3 - 1\} = 0.000394\,[A] = 0.394\,[mA]$$

$V = 0.2\,[V]$ のとき、

$$I(0.1) = 1.2 \times 10^{-6} \times \left\{ exp\left(\frac{1.6 \times 10^{-19} \times 0.2}{1 \times 1.38 \times 10^{-23} \times 300}\right) - 1 \right\}$$

$$= 1.2 \times 10^{-6} \times \{exp\,(7.729) - 1\}$$

$$= 1.2 \times 10^{-6} \times \{2273.3 - 1\} = 0.002727\,[A] = 2.727\,[mA]$$

となります。

　これらの値を方眼紙にプロットします（図 3 − 10）。電流の計算値はかなり小さな値なので、縦軸の電流の単位は $[mA]$ とします。$V = 0.1\,[V]$ を超えると急激に電流値が大きくなることが曲線状のグラフから確認できます。これが pn 接合の順方向の電圧−電流特性になります。

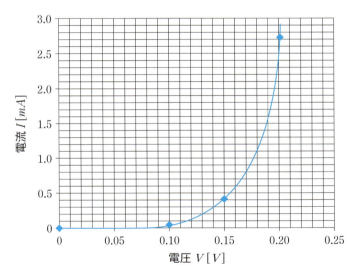

図 3 − 10 　pn 接合の順方向の電圧−電流特性の計算例

答：$V = 0\,[V]$ のとき $I = 0\,[mA]$、$V = 0.1\,[V]$ のとき $I = 0.056\,[mA]$、$V = 0.15\,[V]$ のとき $I = 0.394\,[mA]$、$V = 0.2\,[V]$ のとき $I = 2.727\,[mA]$、図 3 − 10

3-3 降伏現象とトンネル効果

　これまでの説明では、図3-8に示すように、逆電圧を増加したときの電流は、逆電圧を大きくしていっても一定の飽和値をもつとして説明してきました。しかし、実際の pn 接合では、ある限界電圧 V_B 以上の電圧を加えると図3-11のように電流が急激に増加します。

　この現象を逆電圧降伏（reverse voltage breakdown）といい、降伏を起こす限界電圧を降伏電圧（breakdown voltage）といいます。降伏電圧 V_B に達する直前の電流が徐々に増加しはじめる範囲を増倍領域（multiplication region）といいます。この降伏現象は pn 接合が熱的に破壊しない限り可逆的です。

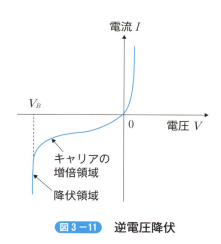

図3-11　逆電圧降伏

　降伏機構は、遷移領域の幅によって電子雪崩降伏（avalanche breakdown）とツエナー降伏（zener breakdown）に区別されます。遷移領域の幅が100Å以上では電子雪崩降伏、100Å以下ではツエナー降伏になります。ここで、Åはオングストロームと発音します。長さの単位で、1Å=10^{10} [m] です。メートル法の単位の1つですが、物理学で比較的多く使われる単位です。

　電子雪崩降伏は、次のようなときに生じます。

　pn 接合に加える逆方向電圧を大きくしていくと遷移領域中に生じた強い電界によりキャリアが加速され、結晶内原子と衝突して新しいキャリアを発生します。これが遷移領域で累加的に繰り返されて電流の増大現象が生じます。これを

電子雪崩（electron avalanche）といいます。この電子雪崩による電子・正孔対の発生モデルを図3-12に示します。

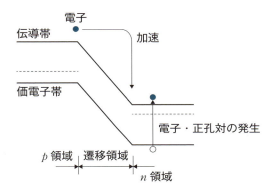

図3-12　電子雪崩のモデル

一方、不純物濃度の高い pn 接合（遷移領域の幅：10Å以下）に高い逆電圧を加えると、薄い遷移領域に高電界が生じ、p 形の価電子帯にある電子が量子論的トンネル効果で禁制帯を通り抜けて n 形の伝導帯に出てきます。このトンネル効果による電子・正孔対の発生モデルを図3-13に示します。

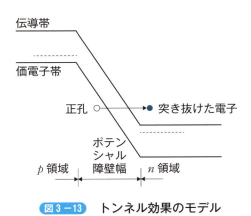

図3-13　トンネル効果のモデル

このように、高電界による価電子がトンネル効果で伝導帯に移ることによる電流の増大現象をツエナー効果（zener effect）といいます。

このときの逆方向電流 $I(V)$ は、次式で与えられます。

3-3 降伏現象とトンネル効果

$$I(V) = I_z \, exp\left\{-\alpha d \frac{E_G^{\frac{2}{3}}}{V}\right\} \qquad (3-3)$$

ここで、I_z は逆方向電圧が小さいときのツェナー電流、α は定数、d は pn 接合の遷移領域幅（トンネル効果の場合、遷移領域幅をポテンシャル障壁幅といいます）、E_G は半導体のエネルギーギャップです。この式から、逆方向電圧 V の増加とともに、逆方向電流が徐々に増加することになります。

[例題3-3]

上記の式（3-3）のトンネル効果における逆方向電圧とツェナー電流の計算式において、逆方向電圧 V の増加とともに、逆方向電流 $I(V)$ が徐々に増加することを説明しなさい。ただし、I_z、α、d、E_G は逆方向電圧 V にかかわらず一定とする。

[解答]

式（3-3）を書き直します。

$$I(V) = I_z \, exp\left\{-\alpha d \frac{E_G^{\frac{2}{3}}}{V}\right\} = I_z \frac{1}{exp\left\{\alpha d \dfrac{E_G^{\frac{2}{3}}}{V}\right\}}$$

ここで、α、d、E_G を一定とし、$A = \alpha d \cdot E_G^{\frac{2}{3}}$ と置くと、

$$I(V) = \frac{I_z}{exp\left(\dfrac{A}{V}\right)}$$

となります。V が大きくなると、分母の $exp\left(\dfrac{A}{V}\right)$ は小さくなり、その逆数 $\dfrac{1}{exp\left(\dfrac{A}{V}\right)}$ は大きくなります。したがって、この逆数に I_z を乗じた $I(V)$ は大きくなります。

第4章
接合トランジスタ

　ベース接地 npn 接合トランジスタの動作原理とこれを理解するための電力増幅のパラメータである電力利得について説明します。次に、接合トランジスタの動作を特徴づける最も重要なパラメータであるエミッタ効率とキャリア到達率、コレクタ効率について説明します。例題では、これらのパラメータを実際に計算し、動作原理の理解に役立てます。

4-1 npn トランジスタと電力増幅

接合トランジスタは、pn 接合を 2 つ組み合わせた構造で、**npn トランジスタ**または**バイポーラトランジスタ**（*bipolar transistor*）と呼ばれています。npn トランジスタの基本構成と接合模式図を図 4-1、図 4-2 に示します。npn 接合の左端の n 領域を**エミッタ**（*emitter* の略、略称 E）、真ん中の p 領域を**ベース**（*base* の略、略称 B）、右端の n 領域を**コレクタ**（*collector* の略、略称 C）といいます。

ベース領域の厚さは非常に薄く構成されています。また、エミッタ・ベース間の接合をエミッタ接合、ベース・コレクタ間の接合をコレクタ接合といいます。また、npn 領域の不純物濃度をそれぞれ N_A（エミッタ）、N_D（ベース）、N_C（コレクタ）とすると、N_A（エミッタ）$>N_D$（ベース）$>N_C$（コレクタ）となるようにします。これによる各領域の抵抗率を ρ_E、ρ_B、ρ_C とすると $\rho_E<\rho_B<\rho_C$ となります。

npn トランジスタの図記号を図 4-3 に示します。

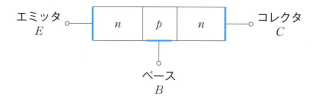

図 4-1 npn トランジスタの基本構成

図 4-2 npn トランジスタの接合模式図

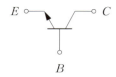

図4-3 npn トランジスタの図記号（矢印の方向はエミッタ電流の向き）

　電圧 V_E と V_C を接続したベース接地 npn トランジスタを図4-4に示します。
　エミッタ E に負の電圧 V_E を、コレクタ C に正の電圧を印加すると、ベース・エミッタ接合に順方向バイアス、コレクタ・ベース接合に逆バイアスが印加されます。

　電圧が印加されていない熱平衡状態では、エネルギーバンド図は図4-5（a）のようになります。npn の3つの領域のフェルミ順位 E_F が一致し、このときの電子と正孔のキャリアの流れは平衡して止まります。

　次に、ベース・エミッタ接合に順方向バイアス、コレクタ・ベース接合に逆バイアスを印加したときのエネルギーバンド図を図4-5（b）に示します。この状態をトランジスタは活性状態であるといいます。順方向にバイアスされたベース・エミッタ接合には、大きな順方向電流が流れます。この電流は電子電流と正孔電流とからなっています。エミッタの n 領域の抵抗率 ρ_E をベースの p 領域の抵抗率 ρ_B より十分小さくとると（$\rho_E \ll \rho_B$）、ベース・エミッタ接合を流れる電流はほとんど電子電流と正孔電流とみなすことができます。すなわち、電子流について説明すると、n 領域（エミッタ領域）から p 領域（ベース領域）へ多数の電子が注入され、注入された電子は、その密度勾配によってベース領域の p 領域に拡散していきます。ここで、p 領域の厚さ W が電子の拡散距離 L_{nB} より十分小さければ（$W \ll L_{nB}$）、注入された電子のうちのごく一部が p 領域（ベース領域）の正孔と再結合するだけで、ほとんどの電子は逆バイアスされたベース・コレクタ接合に到達します。この接合に到達した電子は、接合内の逆バイアスの比較的高い電界でドリフトしてコレクタ領域に入り、コレクタ電流となります。

　正孔電流についても、上記の電子流と同じことが起こります。

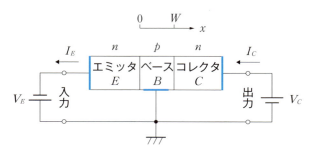

図 4 − 4 ベース接地 npn トランジスタ

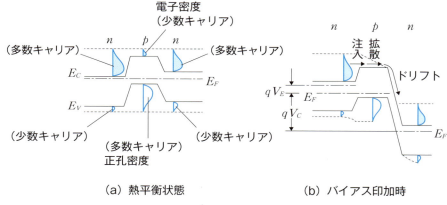

(a) 熱平衡状態　　　　　　　(b) バイアス印加時

図 4 − 5 npn 接合トランジスタのエネルギーバンド図

このように、npn トランジスタでは、エミッタ電流 I_E とコレクタ電流 I_C がほとんど等しくなります。増幅作用をもつ理由は、次のように説明することができます。

npn トランジスタの**電力増幅度** P と**利得** G は、$I_E \approx I_C$ とすれば

$$P = \frac{I_C^2 R_C}{I_E^2 R_E} \qquad (4-1)$$

$$G = 20 \, log \left(\frac{I_C^2 R_C}{I_E^2 R_E} \right) \approx 20 \, log \frac{R_C}{R_E}$$

で与えられます。ここで、R_E は順方向バイアスされたベース・エミッタ接合の接合抵抗で、**エミッタ抵抗**または**入力抵抗**といわれます。また、R_C は逆方向バイアスされたベース・コレクタ接合の接合抵抗で、**コレクタ抵抗**といわれます。

通常は、エミッタ抵抗は小さく、コレクタ抵抗が大きいため（$R_E \ll R_C$）、上記

の式（4－1）から大きな電力利得が得られます。実際は、R_E と R_C の比 $\dfrac{R_C}{R_E}$ は1000倍程度にもなります（電力利得 G は $20\ log\ 1000 = 20\ log\ 10^3 = 60\ [dB]$ になります）。

[例題4－1]
バイポーラトランジスタの3つの端子の名称を述べ、図記号を書きなさい。

[解答]
図4－1に示すように、3つの端子はエミッタ（E）、ベース（B）、コレクタ（C）と呼ばれます。図記号は図4－3のようになります。

答：エミッタ（E）、ベース（B）、コレクタ（C）　図4－3

[例題4－2]
図4－5（b）の npn 接合トランジスタに順バイアスと逆バイアスを印加したときの電子の振る舞いについて説明しなさい。

[解答]
本文の説明をまとめると、以下のようになります。
・エミッタ領域からベース領域に電子が注入される
・注入された電子は拡散現象によってベース・コレクタ接合に向かう
・ベース・コレクタ接合に到達した電子は、この接合に逆バイアスされた高電界によってドリフトされてコレクタ領域に入る

[例題4－3]
図4－4のベース接地 npn トランジスタの増幅条件を説明しなさい。

[解答]
ベース接地 npn トランジスタの電力増幅度の式（4－1）で、次の2つが増幅の条件になります。
・$I_E \approx I_C$
・$R_E \ll R_C$

すなわち、エミッタ電流 I_E とコレクタ電流 I_C がほとんど等しいことと、エミッタ抵抗 R_E が小さく、コレクタ抵抗 R_C が大きいことです。

4-1 npnトランジスタと電力増幅

実際のベース接地 npn トランジスタの増幅回路を図4-6に示します。入力側に交流信号 V_{in} を加えたときに電圧増幅された出力電圧を V_{out} とします。入力電流を I_i、出力電流を I_o、入力抵抗を R_i、負荷抵抗を R_L とします。式（4-1）の $\dfrac{I_C^2 R_C}{I_E^2 R_E}$ において、$I_E = I_i$、$I_C = I_o$、$R_E = R_i$、$R_C \approx R_L$（R_L を十分大きくとる）とすると

$$\frac{I_C^2 R_C}{I_E^2 R_E} = \frac{I_o^2 R_L}{I_i^2 R_i} \approx \frac{R_L}{R_i}$$

となります。電力増幅度 P は入力抵抗 R_i と負荷抵抗 R_L の比が大きいほど大きくとれます。また、入力電圧は $V_{in} = R_i I_i$ であり、出力電圧は $V_{out} = R_L I_o$ となるので、電圧増幅度 α は

$$\alpha = \frac{R_L I_o}{R_i I_i} \approx \frac{R_L}{R_i}$$

となります。抵抗の比 $\dfrac{R_L}{R_I}$ が大きくなれば電圧増幅度も大きくとれます。このように、ベース接地 npn トランジスタは、電流は増幅しませんが、電圧増幅器として働きます。

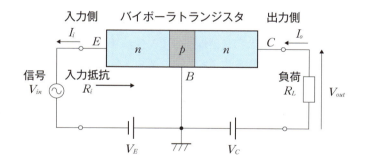

図4-6 ベース接地 npn トランジスタの増幅回路

答：$I_E \approx I_C$　$R_E \ll R_C$

4−2 エミッタ効率とキャリア到達率

エミッタ効率とキャリア到達率は、接合トランジスタの動作を特徴付ける最も重要なパラメータです。

前節で説明したように、正負バイアスを加えた npn 接合トランジスタのエミッタ領域からベース領域に注入された電子がコレクタ領域まで流れ込むまでの3つの段階をそれぞれの効率に分けて考えることができます。

◇エミッタ領域からベース領域に電子が注入される

エミッタ領域からベース領域に注入される電子の注入効率を**エミッタ効率**（*emitter efficiency*）といいます。エミッタからベースに注入される電子にもとづく電子電流を I_{nE}、ベースからエミッタに注入される正孔にもとづく正孔電流を I_{pE} とすれば、エミッタ効率 γ は

$$\gamma = \frac{I_{nE}}{I_{nE} + I_{pE}} \tag{4-2}$$

で与えられます。この式からわかるように、エミッタ効率 γ は常に1より小さくなります。

また、エミッタ領域の抵抗率を ρ_E、ベース領域の抵抗率を ρ_B、ベース領域の幅を W、エミッタ領域の正孔拡散距離を L_{pE} とすると、式（4−2）のエミッタ効率 γ は次式で与えられます。

$$\gamma = \frac{1}{1 + \left(\dfrac{\rho_E}{\rho_B}\right)\left(\dfrac{W}{L_{pE}}\right)} \tag{4-3}$$

式（4−3）において、エミッタ効率 γ を1に近づけるためには、下記の3つの条件を満たせばよいことがわかります。
- エミッタ領域の抵抗率 ρ_E をベース領域の抵抗率 ρ_B に比べて十分小さくすればよい。
- ベース領域の幅 W をエミッタ領域の正孔拡散距離 L_{pE} に比べて小さくすればよい。
- エミッタ領域の正孔拡散距離 L_{pE} を長くすればよい。

◇エミッタ領域とベース領域の電子濃度の差異による電子の拡散移動

エミッタ領域からベース領域への拡散による電子の移動は、ベース領域の**到達**

率（*transport factor*）または**ベース輸送効率**（*base transport efficiency*）として表現します。

　ベース・コレクタ接合に加わる電圧が一定であるという条件で、エミッタ領域から注入される電子のうち、ベース・コレクタ接合に到達する電子の割合をいいます。

　到達率を β とすると次式で与えられます。

$$\beta = 1 - 0.5\left(\frac{W}{L_{nB}}\right) \quad (4-4)$$

　ここで、L_{nB} はベース領域における電子の拡散距離です。ベース領域を少数キャリアである電子が拡散する間に、その一部がベース領域の多数キャリアである正孔と再結合するためには β は 1 より小さい値となります。

　再結合を少なくし、到達率 β を 1 に近づけるには、ベース領域の幅 W を短く、L_{nB} を長くする必要があります。

◇ベース・コレクタ接合の逆バイアスによる電子のドリフト

　ベース・コレクタ接合部には逆バイアスが加わるため、電位の勾配が大きく強い電界が働きます。そのため、ベース・コレクタ接合に到達した電子は加速されてコレクタに流れ込みます。これにより僅かに電子が増加し、結果として電流が増幅されます。この増幅作用を**コレクタ効率**といいます。

　コレクタ効率 α^* は次式で与えられます。

$$\alpha^* = \frac{1}{1 - \left(\dfrac{V_C}{V_B}\right)^n} \quad (4-5)$$

　ここで、V_C はベース・コレクタ接合に加わる逆方向バイアスで、V_B は降伏電圧です。また、n は実験的に求められるもので、*npn* 接合トランジスタの場合は $n = 3$ の値をとります。

　コレクタ効率 α^* は、通常の使用条件においては、逆バイアス電圧は降伏電圧より十分低く選ぶので、$\alpha^* \approx 1$ とみなしてよいことになります。

　以上のことから、ベース接地 *npn* 接合トランジスタの増幅率 α は、次式で与えられます。

$$\alpha = \gamma \cdot \beta \cdot \alpha^* \approx \gamma \cdot \beta \quad (4-6)$$

　この α の値は 0.98〜0.999 の範囲の値をとるので、ベース接地 *npn* 接合トランジスタは電流は増幅できず、電圧増幅器（または電力増幅器）として働きます。

　上記の 3 つの段階を、模式図で表したものを図 4 − 7 に示します。

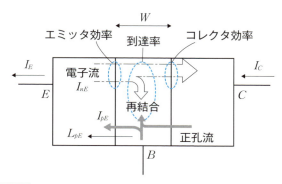

図4-7 エミッタ効率、到達率、コレクタ効率の模式図

[例題4-4]

ベース接地 npn 接合トランジスタの各パラメータが以下のように与えられている。エミッタ効率、キャリア到達率、コレクタ効率を求めなさい。

エミッタ領域の抵抗率：$\rho_E = 0.1\ [\Omega \cdot cm]$
ベース領域の抵抗率：$\rho_B = 5\ [\Omega \cdot cm]$
ベース領域の幅：$W = 0.5 \times 10^{-8}\ [cm]$
エミッタ領域の正孔拡散距離：$L_{pE} = 10 \times 10^{-8}\ [cm]$
ベース領域の電子の拡散距離：$L_{nB} = 20 \times 10^{-8}\ [cm]$
ベース・コレクタ接合に加わる逆方向バイアス：$V_C = 3\ [V]$
降伏電圧：$V_B = 30\ [V]$

[解答]

エミッタ効率 γ は式（4-3）より求めます。

$$\gamma = \cfrac{1}{1 + \left(\cfrac{\rho_E}{\rho_B}\right)\left(\cfrac{W}{L_{pE}}\right)}$$

$$= \cfrac{1}{1 + \left(\cfrac{0.1}{5}\right)\left(\cfrac{0.5 \times 10^{-8}}{10 \times 10^{-8}}\right)}$$

$= 0.999$ または $99.9\ [\%]$

キャリア到達率 β は式（4-4）から求めます。

$$\beta = 1 - 0.5\left(\frac{W}{L_{nB}}\right)$$

4-2 エミッタ効率とキャリア到達率

$$= 1 - 0.5 \left(\frac{0.5 \times 10^{-8}}{20 \times 10^{-8}} \right)$$

$$= 0.988 \text{ または } 98.8 \, [\%]$$

コレクタ効率 α^* は式（4 − 5）から求めます。

$$\alpha^* = \frac{1}{1 - \left(\frac{V_C}{V_B} \right)^n}$$

$$= \frac{1}{1 - \left(\frac{3}{30} \right)^3}$$

$$= 1.001 \text{ または } 0.1 \, [\%]$$

以上の計算値をまとめると、エミッタ領域からコレクタ領域に注入される電子密度の割合は99.9 [%] であり、ベース・コレクタ接合に到達できる電子密度は99.9 [%] のうち98.8 [%] であり、ベース領域で再結合により失われる電子密度は $99.9 - 98.8 = 1.1$ [%] となります。ベース・コレクタ接合に到達した電子は、逆バイアスにより0.1 [%] 増幅してコレクタ領域から取り出すことができます。

答：$\gamma = 0.999$ または99.9 [%]　$\beta = 0.988$ または98.8 [%]　$\alpha^* = 1.001$ または0.1 [%]

第5章
ダイオードとトランジスタの電圧 − 電流特性

　トランジスタの電圧 − 電流特性を理解するにはダイオードの性質、特性について理解する必要があります。はじめにダイオードの電圧 − 電流特性を実際に実験で測定し、測定結果をもとにダイオードの基本特性について説明します。次に、トランジスタの代表的な特性について同様に実験し、これらの測定結果をもとにトランジスタの基本特性について説明します。

5-1 ダイオードの電圧―電流特性

ダイオードは、整流用ダイオード、定電圧ダイオード（別名、ツェナーダイオード）、発光ダイオード（略称、*LED*）などいくつかの種類があります。これらのダイオードの共通した特性は順方向と逆方向特性をもつ整流性があることです。

本節では、一般的に使われている整流用のシリコンダイオードについて取り上げます。

汎用のシリコンダイオード（形名：1S1585、図5-1、表5-1）の電圧―電流特性について測定します。ダイオードは2つの端子をもつ2端子素子で、図5-1 (b) に示すように、端子名をアノード（*Anode*、頭文字をとって*A*と略す）、カソード（*Cathode*、ドイツ語の*Kathode*の頭文字をとって*K*と略す）といいます。整流用のダイオードは、電流はアノードからカソード方向に流れます。整流作用により逆方向には流れません。

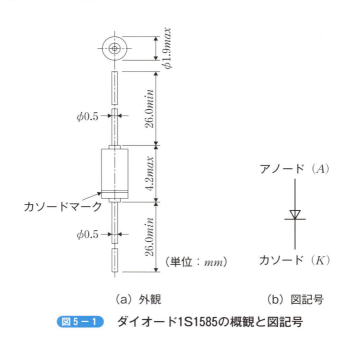

(a) 外観　　　　　(b) 図記号

図5-1　ダイオード1S1585の概観と図記号

表5−1 ダイオード1S1585の最大定格

項目	記号	定格	単位
せん頭逆電圧	V_{RM}	35	V
逆電圧	V_R	30	V
せん頭順電流	I_{FM}	360	mA
平均整流電流	I_O	120	mA
サージ電流	I_{surge}	500	mA
許容損失	P	300	mA
接合温度	T_j	175	℃
保存温度	T_{stg}	−65〜175	℃

　具体的には、次のように測定します。

　オシロスコープの **$X-Y$法** によるダイオードの静特性の測定回路図を図5−2に示します。発振器の出力電圧をダイオードのアノード（A）とカソード（K）間に印加します。そのときにダイオードに流れる電流を測定するために電流測定用の抵抗（100 [Ω]）をカソード側に接続します。発振器の出力電圧は**三角波**を選択し、電圧と周波数を設定します（ピーク間電圧：10 [V_{p-p}]、周波数：100 [Hz]）。三角波の電圧波形を写真5−1に示します。

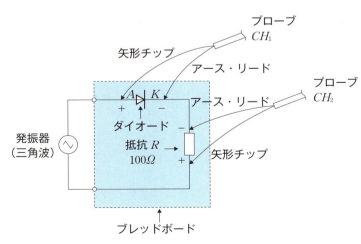

図5−2　ダイオード静特性の測定回路

● 5−1 ダイオードの電圧─電流特性

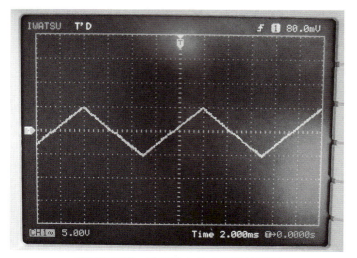

写真5−1 発振器からの三角波電圧
（縦軸：$5V/DIV$、横軸：$2ms/DIV$）

　次に、オシロスコープの $CH1$ のプローブはダイオードのアノード─カソード間に、$CH2$ のプローブは電流検出用抵抗の両端に接続します。プローブの先端（矢形チップという）とアースリードの接続方向は図のように接続します。測定全景を写真5−2に示します。

　オシロスコープの波形表示法は、$X-Y$ 表示（$CH1$ の電圧軸を横軸の X 軸、$CH2$ の電圧軸を縦軸の Y 軸とする波形表示）にします。オシロスコープの表示画面にはリサージュ図形が表示されます（写真5−3）。これがダイオードの静特性です。いわゆるダイオードの電圧（V）─電流（I）特性といわれているものです。

　この波形を観測して方眼紙に波形スケッチします。波形スケッチの例を図5−3に示します。具体的には、$CH1$ の測定電圧 V_x は横軸 x の電圧レンジになり、$CH2$ の測定電圧は電流検出用抵抗（$R=100\ [\Omega]$）の端子電圧 V_y であるので、次式で電流 I_y に換算して縦軸 y を電流レンジにします。

　オシロスコープの $CH1$ と $CH2$ の電圧レンジはそれぞれ $2\ V/cm$、$200mV/cm$ で、プローブの減衰比は「1：1」です。また、プローブのカプリング形式は DC です。なお、通常、電圧レンジの表現は $2\ V/DIV$、$200mV/DIV$ のように DIV（$Division$ の略）を用いて表現します。

$$I_y = \frac{V_y}{R} \qquad (5-1)$$

したがって、縦軸の電流レンジは、

$$\frac{200mV}{100\Omega}/DIV = 2mA/DIV$$

となります。

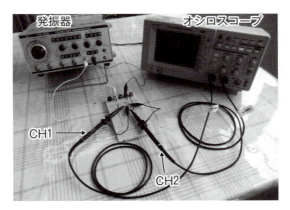

（a）測定全景

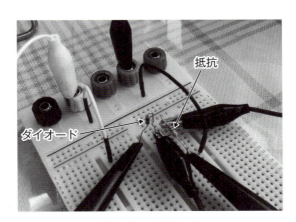

（b）ブレッドボード

写真5-2　測定全景とブレッドボード

●5-1 ダイオードの電圧─電流特性

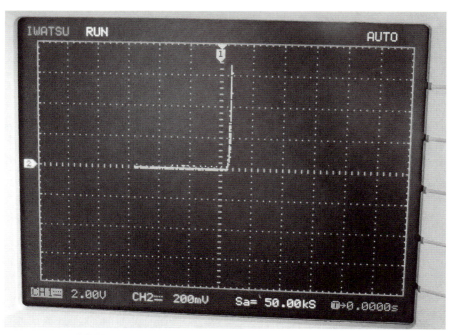

写真5-3　オシロスコープに表示されたリサージュ図形
（縦軸：$2V/DIV$、横軸：$200mV/DIV$）

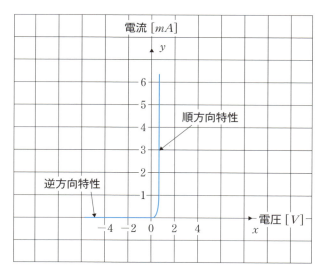

図5-3　方眼紙にスケッチしたダイオードの静特性

$V-I$ 特性の右側部分は抵抗が低く順方向特性といい、左側部分は抵抗が高く逆方向特性といいます。すなわち、順方向特性は、電流がよく流れることを表しています。このように電圧をかける方向によって抵抗が違うことを整流性といいます。整流性のことを非直線的特性ともいいます。これに対して抵抗の $V-I$ 特性は、オームの法則に従って直線性を示します。ダイオードの $V-I$ 特性は直線にはなりません。

[例題 5 − 1]
写真 5 − 1 の三角波電圧のゼロ・ピーク間の電圧を求めなさい。

[解答]
図 5 − 4 のような正弦波電圧において、ゼロ・ピーク間とピーク・ピーク間の電圧はそれぞれ V_{0-p}（*zero to peak* の意味、ゼロ・ツー・ピークと発音）、V_{p-p}（*peak to peak* の意味、ピーク・ツー・ピークと発音）のように表現します。このとき、V_{0-p} は最大電圧またはピーク電圧といいます。V_{p-p} はピーク間電圧といい、$V_{p-p} = 2 \times V_{0-p}$ となります。三角波の場合も同じように表現します。三角波電圧の最大電圧 V_{0-p} は $\dfrac{V_{p-p}}{2} = 5\,[V_{0-p}]$ となります。この値は、縦軸のレンジ（5 *V/DIV*）からも読み取ることができます。

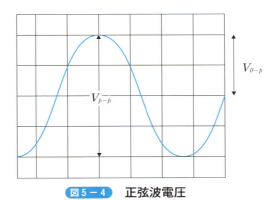

図 5 − 4　正弦波電圧

答：$5\,[V_{0-p}]$

5−1　ダイオードの電圧—電流特性

[例題5−2]

　図5−2の測定回路を用いて、オシロスコープの $X-Y$ 法でダイオードの整流特性を測定した。オシロスコープの $CH1$ と $CH2$ の電圧レンジは5 V/DIV、2 V/DIV であった。整流特性を波形スケッチする際の電流レンジを求めなさい。ただし、電流検出用抵抗を200 $[\Omega]$ とする。

[解答]

　電流検出用抵抗の端子電圧は、オシロスコープの $CH2$ で測定しています。$CH2$ の電圧レンジは2 V/DIV であるので、式（5−1）を用いて電流レンジに換算すると

$$\frac{2\,V/DIV}{200\,\Omega} = 0.01\,A/DIV = 10\,mA/DIV$$

となります。

　方眼紙で波形スケッチするときは、横軸は1 cm あたり5 V の電圧レンジで目盛り、縦軸は1 cm あたり10 mA の電流レンジで目盛ればよいことになります。

答：$10\,mA/DIV$

5-2 微分抵抗

ダイオードの整流特性では順方向と逆方向とで抵抗が大きく変わります。この抵抗について考えてみます。

抵抗の $V-I$ 特性は、図5−5のように直線になります。直線の傾きを K とすれば、$V-I$ 特性は次の一次方程式で表されます。

$$I(V) = K \cdot V$$

$$K = \frac{1}{R} \tag{5-2}$$

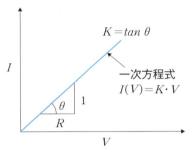

図5−5 抵抗の $V-I$ 特性

ダイオードの $V-I$ 特性は非直線性を示すので、抵抗のように単純には抵抗値を計算することができません。かなり大胆ですが、図5−6に示すように直線で近似してみます。直線の傾きから順方向と逆方向の抵抗を計算すると次のようになります。

$$順方向：R_F = \frac{2V}{40mA} = 50\ [\Omega]$$

$$逆方向：R_R = \frac{4V}{10\mu A} = 400\ [k\Omega]$$

この結果から、順方向の抵抗は低く、逆方向の抵抗は高いということがわかります。これらの値はある程度の目安になります。

5-2 微分抵抗

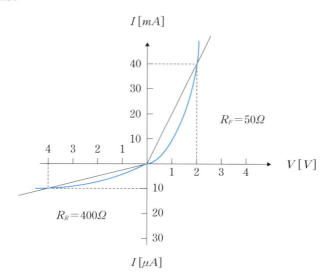

図5-6 ダイオードの $V-I$ 特性を直線で近似する

　ダイオードの $V-I$ 特性のように非直線性を示す特性曲線の場合には、抵抗と同じように表現するために接線を使用します。
　具体的には、図5-7に示すように、特性曲線の2カ所（a点、b点）に接線を引きます。これらの値は、ダイオードを実際に使用する際の動作点となります。各動作点における抵抗 R_a、R_b はそれぞれ

　　$R_a = 200\ [\Omega]$
　　$R_b = 34\ [\Omega]$

になったとします。a点とb点とでは抵抗値が大きく異なります。
　接線は、数学では微分を意味します。このことから接線の傾きから求めた抵抗を微分抵抗といいます。
　トランジスタ増幅回路では、動作点を中心に小信号のみを扱います。すなわち、微分抵抗を求めた動作点のごく近傍しか扱いません。ダイオード静特性の測定の際の電圧、電流レベルよりも小さい信号を対象にします。
　この意味から、微分抵抗は、動作点近傍のごく狭い範囲での $V-I$ 特性の抵抗といえます。

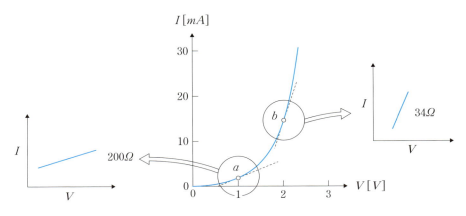

図5－7 ダイオードの $V-I$ 特性における微分抵抗

> [例題5－3]
> 図5－6のダイオードの $V-I$ 特性において、電圧 $V=2\,[V]$、電流 $I=40\,[mA]$ における動作点の微分抵抗を、接線を引いて概算しなさい。

[解答]

図5－6に接線を引いた例が図5－8です。接線が横軸と交わる交点を1.5 $[V]$ とすると微分抵抗は

$$R = \frac{(2-1.5)\,V}{40\,mA} = \frac{0.5\,V}{40\,mA} = 12.5\,[\Omega]$$

となります。接線の引き方で傾きが異なるので、微分抵抗の値も異なってきます。おおよそこの程度の値であるとしています。

5−2 微分抵抗

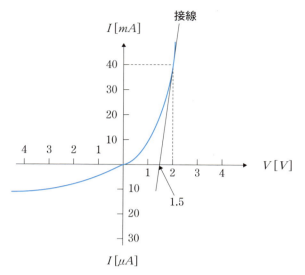

図 5 − 8 接線を引いて微分抵抗を概算する

答：図 5 − 8　計算例として12.5 [Ω]

5-3 トランジスタの電圧―電流特性

トランジスタ増幅回路を考えるうえで、トランジスタの電圧―電流特性を理解することは必要不可欠です。本節では、トランジスタの使い方でもっともよく使用されるエミッタ接地の場合の出力特性、伝達特性、入力特性について説明します。ダイオードの場合と同じように実験回路を使用した測定例を通して説明します。

5-3-1 トランジスタの図記号と特性

トランジスタの図記号を図5-9に示します。pn接合の接合方式の違いで、同図(b)に示すpnp形のトランジスタもあります。どちらも接合トランジスタ(バイポーラトランジスタ)です。目的と用途に応じて使い分けています。本節で使用するトランジスタは、汎用の低周波用トランジスタ$2SC1815$-Yで、同図(a)のnpnトランジスタになります[※注]。

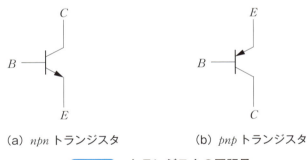

(a) npn トランジスタ　　(b) pnp トランジスタ

図5-9 トランジスタの図記号

$2SC1815$の外観、電気的特性と最大定格、出力特性と最大定格の関係、周囲温度と最大コレクタ損失の関係をそれぞれ図5-10、表5-2、表5-3、図5-11、図5-12に示します。

電気的特性の直流電流増幅器h_{FE}の項目で、4種類にランク分けされています。メーカでは次のように分類しています。

※注：図5-9の(a)は第4章で説明した接合方式のnpnトランジスタ（図4-3）と同じ。

5-3 トランジスタの電圧—電流特性

O	(Orange、オレンジ)	70〜140
Y	(Yellow、イエロー)	120〜240
GR	(Green、グリーン)	200〜400
BL	(Blue、ブルー)	350〜700

本節で使用するトランジスタは Y ランクで、$2SC1815\text{-}Y$ と記述します。

表 5 − 2 に記載されている I_{CBO} と I_{EBO} は次のような特性値です。

表に記載されていませんが、I_{CEO} という特性値があります。これは、ベース（B）を開放（$I_B = 0$）したときのコレクタ・エミッタ間の漏れ電流のことです。添え字の C はコレクタ電流、E はエミッタ接地、O はベースがオープンという意味です。エミッタ接地のコレクタ遮断電流といいます。

次に、I_{CBO} はエミッタを開放（$I_E = 0$）したときのコレクタ・ベース間に流れる漏れ電流のことです。添え字の C はコレクタ電流、B はベース接地、O はエミッタがオープンという意味です。I_{CEO} と区別してベース接地のコレクタ遮断電流といいます。

最後に、I_{EBO} はコレクタを開放（$I_C = 0$）したときのエミッタ・ベース間に流れる漏れ電流のことです。添え字の E はエミッタ電流、B はベース接地、O はコレクタ（$I_C = 0$）がオープンという意味です。

これらの測定回路のイメージを図 5 − 13 に示します。また、いずれも漏れ電流は小さいほど良いことになります。

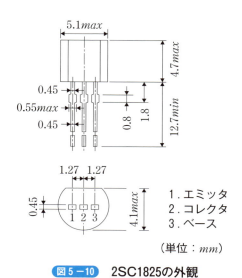

図 5−10 2SC1825の外観

第5章 ダイオードとトランジスタの電圧-電流特性

表5-2 2SC1815の電気的特性 ($T_a = 25℃$)

項目	記号	条件	最小	標準	最大	単位
コレクタしゃ断電流	I_{CEO}	$V_{CB}=60V, IE=0$	—	—	0.1	μA
エミッタしゃ断電流	I_{EBO}	$V_{EB}=5V, IC=0$	—	—	0.1	μA
直流電流増幅率	$h_{FE}(1)$	$V_{CE}=6V, IC=2mA$	70	—	700	
	$h_{FE}(2)$	$V_{CE}=6V, IC=150mA$	25	—	—	
コレクタ・エミッタ間飽和電圧	$V_{CE}(sat)$	$I_C=100mA, I_B=10mA$	—	0.1	0.25	V
ベース・エミッタ間飽和電圧	$V_{BE}(sat)$	$I_C=100mA, I_B=10mA$	—	—	1.0	V
トランジション周波数	f_T	$V_{CE}=10V, I_C=1mA$	80	—	—	MHz
コレクタ出力容量	C_{OB}	$V_{CB}=10V, I_E=0,$ $f=1MHz$	—	2.0	3.0	pF
ベース拡がり抵抗	r_{bb}	$V_{CB}=10V,$ $I_E=-1mA, f=30MHz$	—	50	—	Ω
雑音指数	NF	$V_{CB}=6V, I_C=0.1mA,$ $R_B=10k\Omega, f=1kHz$	—	1.0	10	dB

※ $h_{FE}(1)$ 分類 O: 70〜140, Y: 120〜210, GR: 200〜400, BL: 350〜700

表5-3 2SC1815の最大定格 ($T_a = 25℃$)

項目	記号	定格値	単位
コレクタ・ベース間電圧	V_{CBO}	60	V
コレクタ・エミッタ間電圧	V_{CEO}	50	V
エミッタ・ベース間電圧	V_{EBO}	5	V
コレクタ電流	I_C	150	mA
エミッタ電流	I_E	-150	mA
コレクタ損失	P_C	400	mW
接合温度	T_j	125	℃
保存温度	T_{sat}	-55〜125	℃

● 5−3 トランジスタの電圧─電流特性

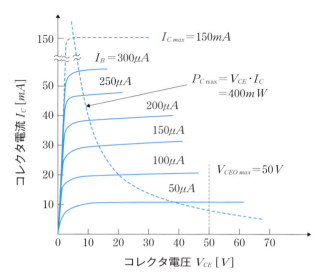

図5−11　2SC1815の出力特性と最大定格の関係（$V_{CEO\,max}$、$I_{C\,max}$、$P_{C\,max}$）

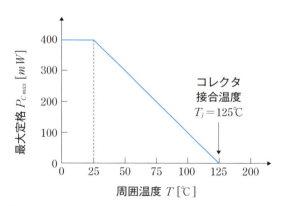

図5−12　2SC1815の最大コレクタ損失と周囲温度 T の関係

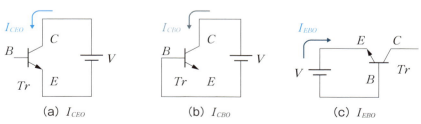

図5−13　各遮断電流の測定回路

5−3−2　出力特性

トランジスタの出力特性は、コレクタ出力特性ともいいます。実験回路を図5−14に示します。

具体的な実験例を説明します。

トランジスタのコレクタ・エミッタ間 V_{CE} を変化させながらコレクタ電流 I_C を測定していきます。ベース電流 I_B は 0 〜100 $[\mu A]$ の範囲で適当な間隔で順次大きくしていきます。具体的には、先に、直流電源 V_1 を可変してベース電流を設定します。次に、直流電源 V_2 を変化しながら V_{CE} と I_C の関係を測定します。

コレクタ電流 I_C は抵抗 R_C（＝100 $[\Omega]$）の端子電圧 V_C を測定し、$I_C = \dfrac{V_C}{R_C} = \dfrac{V_C}{100}$ より間接測定します。このように、ベース電流 I_B をパラメータにして V_{CE} と I_C の関係を測定します

測定例を表5−4に、これをグラフにしたものを図5−15に示します。これが**トランジスタの出力特性**です。この特性に表5−3の最大コレクタ電流（$I_{C\,max}$＝150 $[mA]$）と最大コレクタ損失（$P_{C\,max}$＝400 $[mW]$）をプロットした特性が上記の図5−11の出力特性と最大定格の関係になります。

トランジスタに最大定格を超えて電流を流したり、電圧を加えたりすると発熱や耐圧を超えて素子破壊を引き起こします。また、電流と電圧が定格以内であっても「電流×電圧＝電力」が最大定格を超えてしまうと熱破壊を引き起こします。このようにトランジスタには使用できる電圧、電流、電力の限界があります。図5−11の破線が使用できる電圧、電流、電力の限界を示したものです。電圧の限界を $V_{CE\,max}$（または $V_{CEO\,max}$＝50 $[V]$）、電流の限界を $I_{C\,max}$（150 $[mA]$）で表します。破線のカーブの部分は電力の限界線で「電力 W＝電圧 V×電流 I＝一定」で表される双曲線になります。トランジスタの電力の表現は**コレクタ損失** P_C といい、これの最大（限界）を**最大コレクタ損失** $P_{C\,max}$ といいます。これらの限界の領域に囲まれた破線の内側が、トランジスタが破壊または熱暴走しない**安全領域**です。なお、最大コレクタ損失 $P_{C\,max}$ は、図5−12に示すように周囲温度によって低下します。

5-3 トランジスタの電圧—電流特性

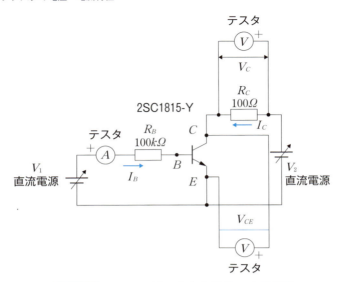

図5-14 トランジスタ出力特性の実験回路

表5-4 ベース電流 I_B をパラメータにした V_{CE} と I_C の測定

コレクタ・エミッタ間電圧 V_{CE} (V)	コレクタ電流 I_C (mA)						
	$I_B=$ 20 (μA)	30 (μA)	40 (μA)	50 (μA)	60 (μA)	80 (μA)	100 (μA)
0.1	0.75	1.14	1.23	2.17	2.24	3.28	3.38
0.2	2.26	3.30	4.34	5.38	6.40	7.82	9.47
0.3	2.38	3.47	4.56	5.66	6.59	8.80	10.77
0.4	2.38	3.48	4.59	5.76	6.83	9.05	11.08
1.0	2.39	3.51	4.62	5.82	6.89	9.37	11.46
2.0	2.40	3.54	4.65	5.88	6.95	9.53	11.59
4.0	2.42	3.57	4.67	5.96	7.03	9.70	11.81
6.0	2.44	3.59	4.73	6.02	7.14	9.77	12.06
8.0	2.46	3.61	4.79	6.03	7.22	9.88	12.33

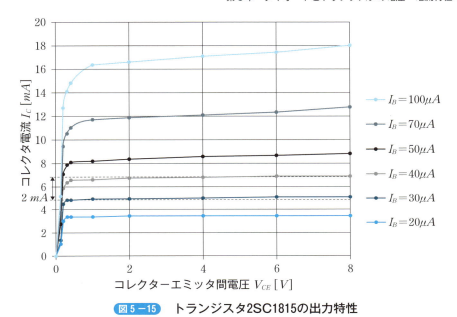

図5−15　トランジスタ2SC1815の出力特性

上記の測定結果から、エミッタ接地のトランジスタの電流増幅率 $\left(\dfrac{\Delta I_C}{\Delta I_B}\right)$ を求めてみます。図5−15の出力特性から、$I_B=30\to 40\,[\mu A]$ の増加分（$\Delta I_B=10\,[\mu A]$）に対してコレクタ電流 I_C の増加分 ΔI_C は約 $2\,[mA]$ となります。

したがって、電流増幅率は

$$\frac{\Delta I_C}{\Delta I_B}=\frac{2mA}{10\mu A}=200$$

となります。約200倍の電流増幅率になります。

電流増幅率は h_{FE} で表します。添え字 F はエミッタ側からコレクタ側への電流増幅を意味する $Forward$ の頭文字で、E はエミッタ接地の意味です。ここで、h_{FE} は正確には直流の場合の電流増幅率です。添え字を小文字の f と e で表した h_{fe} は交流の場合の電流増幅率になります※注。

5−3−3　伝達特性

トランジスタの伝達特性とは、エミッタ接地のトランジスタ増幅回路において、増幅回路の入力側の入力電流（ベース電流 I_B）と出力側の出力電流（コレ

※注：交流の電流増幅率については、第7章で説明する。

クタ電流 I_C) の伝達割合 (電流増幅の割合：$\dfrac{I_C}{I_B}$) と直線性をみるための特性をいいます。

　トランジスタの伝達特性の実験回路を図5－16に示します。直流電源 V_2 を一定に固定して、直流電源 V_1 を可変してベース電流 I_B を 0 ～ 100 [μA] の範囲で変化させたときのコレクタ電流 I_C を測定します。測定結果を表5－5、図5－16に示します。このように横軸にベース電流 I_B、縦軸にコレクタ電流 I_C をとった特性を**伝達特性**といいます。I_B と I_C の関係はほぼ直線になります。この直線の傾き $\dfrac{\Delta I_C}{\Delta I_B}$ を求めると

$$\dfrac{20mA}{100\mu A} = 200$$

が得られます。これが増幅率 h_{FE} になります。この値は図5－15の出力特性から求めた h_{FE} と一致します。

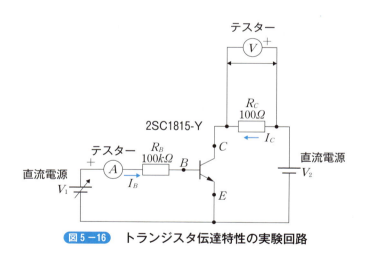

図5－16　トランジスタ伝達特性の実験回路

表5-5 ベース電流 I_B とコレクタ I_C 電流の測定

ベース電流 I_B (μA)	コレクタ電流 I_C (mA)
10	1.8
20	3.7
30	5.5
40	7.3
50	9.3
60	11.3
70	13.4
80	15.5
90	17.6
100	19.6

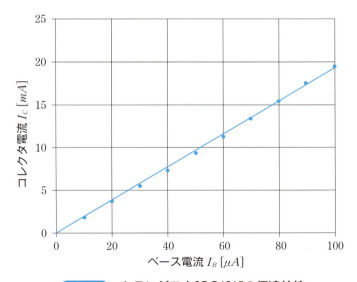

図5-17 トランジスタ2SC1815の伝達特性

5−3−4 入力特性

トランジスタの入力特性とは、ベース・エミッタ間電圧 V_{BE} とベース電流 I_B の関係をみたものです。測定回路を図5−18に示します。ダイオードのときと同じように、オシロスコープの $X-Y$ 法（リサージュ法）で測定します。

発振器の三角波（ピーク間電圧：10 $[V_{p-p}]$、周波数：100 $[kHz]$）を用い、オシロスコープの $CH1$ のプローブはトランジスタのベース―エミッタ間（検出電圧 V_x）に、$CH2$ のプローブは電流検出用抵抗（100Ω）の両端（検出電圧 V_y）に接続します。プローブの先端とアースリードの接続方向は図5−18のように接続します。

オシロスコープの波形表示を写真5−4に示します。このような特性をトランジスタの<u>入力特性</u>といいます。横軸がベース・エミッタ間電圧 V_{BE} で、縦軸がベース電流 I_B です。これはダイオードの静特性と同じ電圧―電流特性です。$V_{BE}=0.8\,[V]$ ぐらいから I_B が急増します。トランジスタのベース（B）―エミッタ（E）間はダイオードと同じ pn 接合になっているので同じ形状の特性が得られます。ベース電流 I_B の立ち上がりが急峻であるほど微分抵抗が小さくなり、ベース電流 I_B による発熱が低く抑えられ、良好な入力特性となります。

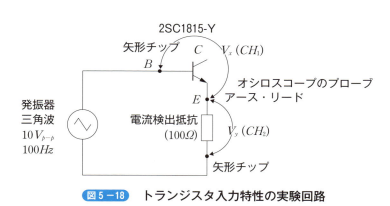

図5−18 トランジスタ入力特性の実験回路

第5章 ダイオードとトランジスタの電圧－電流特性

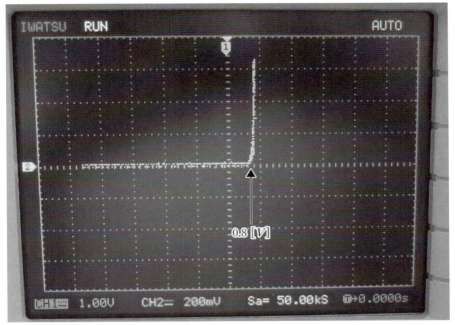

写真5－4 オシロスコープに表示されたトランジスタ入力特性
（縦軸：$1V/DIV$、横軸：$200mV/DIV$）

[例題5－4]
　図5－15のトランジスタの出力特性において、$I_B=50→70\ [\mu A]$ の増加分に対するコレクタ電流 I_C の増加分をグラフから読み取り、電流増幅率 h_{FE} を概算しなさい。

[解答]
　$I_B=50→70\ [\mu A]$（$\Delta I_B=20\ [\mu A]$）の増加分に対するコレクタ電流 I_C の増加分をグラフから読み取ると $I_C=9→13\ [mA]$（$\Delta I_C=4\ mA$）となります。
　したがって、電流増幅率 h_{FE} は

$$h_{FE}=\frac{\Delta I_C}{\Delta I_B}=\frac{4mA}{20\mu A}=200$$

が得られます。

答：$h_{FE}=200$

5-3 トランジスタの電圧―電流特性

[例題 5 − 5]

$2SC1815$ を使用したトランジスタ増幅回路の動作時のコレクタ・エミッタ間電圧とコレクタ電流はそれぞれ $V_{CE}=30\ [V]$、$I_C=10\ [mA]$ であった。コレクタ損失 P_C を求めなさい。

[解答]

コレクタ損失 P_C は $P_C=V_{CE}\times I_C$ から求めることができます。
$$P_C=V_{CE}\times I_C=30\times 0.01=0.3\ [W]=300\ [mW]$$
この値は、$2SC1815$ の最大コレクタ損失 $400\ [mW]$ 以下であるので、図5−11 の出力特性の最大コレクタ損失の限界を示す双曲線の内側の安全領域で使用していることになります。

答：$P_C=300\ [mW]$

[例題 5 − 6]

$2SC1815$ を使用したトランジスタ増幅回路を周囲温度 $35\ [℃]$ で使用した場合、$25\ [℃]$ における最大コレクタ損失（$P_{C\ max}=400\ [mW]$）はどの程度低下するか求めなさい。ただし、図5−12において周囲温度に対する最大コレクタ損失のディレーティングを $4\ [mW/℃]$ とする。

[解答]

図5−12のグラフから直線の勾配を求めると
$$\frac{\Delta P_{C\ max}}{\Delta T}=\frac{400}{125-25}=\frac{400}{100}=4\ [mW/℃]$$
が得られます。これが最大コレクタ損失のディレーティングです。すなわち $1\ ℃$ 上昇すると最大コレクタ損失が $4\ [mW]$ 低下します。

したがって、$25\ [℃]\rightarrow 35\ [℃]$ に周囲温度が上昇すると、最大コレクタ損失は $4\ [mW/℃]\times 10\ [℃]=40\ [mW]$ 低下します。$35\ [℃]$ のときの最大コレクタ損失は $400-40=360\ [mW]$ となります。

答：$40\ [mW]$

第6章
トランジスタ増幅回路

　基本的なトランジスタ増幅回路について説明します。最初に、増幅回路の基本になっている電流帰還バイアス法と負荷線について説明します。これらはトランジスタ増幅回路の基本的な考え方になっています。次に、交流増幅回路の場合の負荷線の引き方と直流の場合の負荷線との違いについて説明します。最後に、トランジスタ増幅回路を設計する際の留意点として波形ひずみやトランジスタの最大定格内で使用するための負荷線の引き方と動作点について説明します。

6-1 固定バイアス法と電流帰還バイアス法

　トランジスタ増幅回路には、固定バイアス法と電流帰還バイアス法があります。固定バイアス法は温度補償がないので温度によってトランジスタの増幅特性が変わってしまいます。これを補償するための回路が電流帰還バイアス法です。固定バイアス法と電流帰還バイアス法の基本的な考え方について説明します。

6-1-1　固定バイアス法

　基本的な固定バイアス回路を図6-1に示します。

　トランジスタはその電圧―電流特性から $I_B = 0$ のとき I_C の値が小さいほど良いといえます。これは I_{CEO}（エミッタ接地のコレクタ遮断電流）が小さいほど良いということになります。しかしながら、温度が上昇してくると I_C は次第に増えてきます。図6-2は、温度上昇とともに I_{CEO} が増加し、これによりコレクタ電流 I_C が増加していく様子をコレクタ出力特性で示したものです。このため、トランジスタの特性を決める動作点 P が負荷線上で変化してしまいます（負荷線と動作点については次項で説明します）。

　これはトランジスタのコレクタ（C）―ベース（B）間に流れる漏れ電流が原因となっています。この漏れ電流をリーク電流といいます。リーク電流はベース接地のコレクタ遮断電流である I_{CBO} そのものになります。

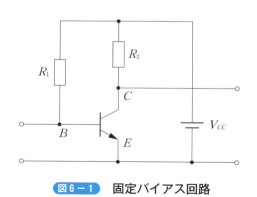

図6-1　固定バイアス回路

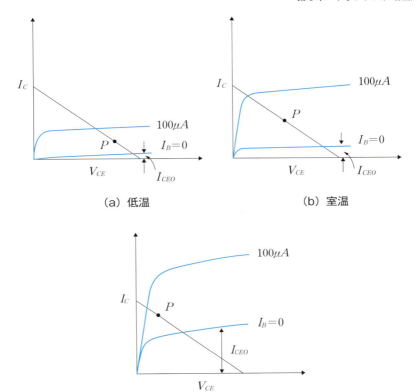

図6−2 温度が上昇したときの I_{CEO} と動作点の変化

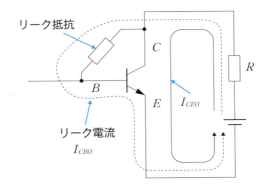

図6−3 リーク抵抗とリーク電流の流路

トランジスタのベースをオープンにしてコレクタ・エミッタ間に電圧のみを加えた回路を図6−3に示します。本来、トランジスタはベース電流を流さなければコレクタ・エミッタ間には電流は流れません。ところが実際には図に示すようにトランジスタの内部（コレクタ・ベース間）に<u>リーク抵抗</u>が存在するため、この抵抗を介して矢印のように<u>リーク電流</u>が流れてしまいます。これが見掛け上ベース電流の働きをして、結果的にコレクタ・エミッタ間に電流 I_{CEO} を流してしまいます。

すなわち、リーク電流 I_{CBO} を h_{FE} 倍した

$$I_{CEO} = h_{FE} \times I_{CBO}$$

の電流が流れることになります。

リーク電流は温度に対して敏感で、温度がほんのわずか上昇しただけでも大きく増えてしまいます。リーク電流が増えれば I_{CEO} も増し、図6−2に示すように動作点が変わってしまいます。その結果として増幅回路は温度に対して動作不安定になります。

ベース電流が増える要素はまだあります。

第5章で説明したベース・エミッタ間の電圧―電流特性（V_{BE}―I_B 特性）も温度によって変化します。温度が上昇すると、図6−4のように特性は左側へずれていきます。すなわち温度が上昇するとベース電流は増える傾向にあります。このベース電流増加も上で説明した I_{CBO} と同じようにバイアス不安定の要因になります。

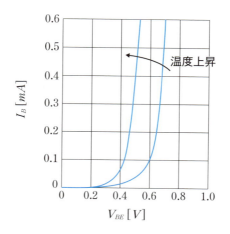

図6−4　V_{BE}―I_B 特性の温度変化

このように固定バイアス回路では温度変化に対してベース電流を一定に保つことができません。すなわち、ベース電流を一定にする補償回路が必要になります。

[例題6－1]
　図6－5の固定バイアス回路のトランジスタのベース・エミッタ間電圧 V_{BE} の式を導きなさい。

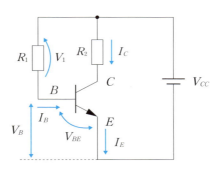

図6－5 ベース・エミッタ間電圧 V_{BE} を求める

[解答]
　ベース電圧を V_B とすると、$V_B = V_{BE}$ となります。
　抵抗 R_1 の端子電圧を V_1 とすると $V_1 = R_1 \times I_B$ となるので、V_B はキルヒホッフの第2法則（電圧則）から、
$$V_B = V_{CC} - R_1 \times I_B$$
となります。
　したがって、V_{BE} は
$$V_{BE} = V_{CC} - R_1 \times I_B$$
となります。

答：$V_{BE} = V_{CC} - R_1 \times I_B$

6－1－2　電流帰還バイアス回路

　基本的な電流帰還バイアス回路を図6－6に示します。電流帰還バイアス法のことをベースブリーダ法ともいいます。この回路はベース・アース間、エミッタ・アース間にそれぞれ抵抗 R_2 と R_4 を入れて、安定したベース電流を供給できるようにした方法です。電源電圧 V_{CC} を抵抗 R_1 と R_2 で分圧したベース電圧 V_B と、エミッタ・アース間に挿入した抵抗 R_4 の電圧降下 V_4 によって、安定した

6-1 固定バイアス法と電流帰還バイアス法

バイアス電圧（ベース・エミッタ間電圧）V_{BE} が得られます。

すなわち、バイアス電圧 V_{BE} は、抵抗 R_2 の電圧降下を V_2 とすると、

$$V_{BE} = V_2 - V_4$$

となります。

また、固定バイアス回路で問題となったリーク電流 I_{CBO} は抵抗 R_2 にバイパスして流れるのでベース電流に対するリーク電流の影響が少なくなります。

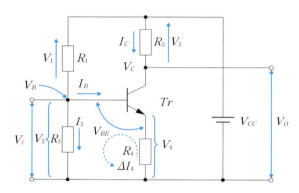

図6-6 電流帰還バイアスによるトランジスタ増幅回路（直流の場合）

次に、抵抗 R_4 の電圧降下について考えてみます。

トランジスタは長く使用しているとそれ自身の温度が上昇し、ベース電流 I_B が増えてきます。そのためコレクタ電流 I_C も増えようとします。I_C の増加分を ΔI_C とすると、抵抗 R_4 の電圧降下の増加分は

$$\Delta V_4 = R_4 \times \Delta I_C$$

となります。電圧降下分 ΔV_4 はベース電流と逆向きの方向（エミッタ→ベース→R_2）の電流 ΔI_4 を流すように作用し、これがベース電流の増加分 ΔI_B を抑える働きをします。

すなわち、電流 ΔI_4 は**負帰還**（ネガティブ・フィードバック、*negative feedback*）の働きをします。この意味で抵抗 R_4 を**帰還抵抗**といいます。**電流帰還バイアス回路**の名前はこれに由来するものです。これにより、負帰還によりコレクタ電流 I_C は増加することなく一定に保たれます。

トランジスタの V_{BE} ― I_B 特性が温度により変化することは、図6-4で説明しましたが、帰還抵抗 R_4 により V_{BE} の変化が無視できるようになります。図6-7で説明すると、ベース電流 I_B が流れたときの帰還抵抗 R_4 の電圧降下は

$$(I_B \times h_{FE}) \times R_4 = I_B \times (h_{FE} \times R_4)$$

となります。この式から I_B からみたベース・アース間の抵抗は
$$h_{FE} \times R_4$$
となり、見掛け上、帰還抵抗は h_{FE} 倍されて高抵抗になります。

このことからベース・エミッタ間の抵抗は $h_{FE} \times R_4$ に比べて無視してもよいことになります。すなわち、$V_{BE}-I_B$ 特性で V_{BE} が変化してもその影響は無視することができ、結果として安定したベース電流を流すことができます。

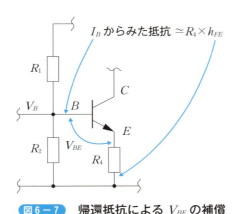

図6−7 帰還抵抗による V_{BE} の補償

[例題6−2]
　図6−6のトランジスタ増幅回路のトランジスタのベース電圧 V_B の式を導きなさい。ただし、抵抗 R_2 に流れる電流 I_2 はベース電流 I_B に比べて十分大きいとする。

[解答]
　抵抗 R_1 を流れる電流は I_B+I_2 であるので、抵抗 R_1 の端子電圧を V_1 とすれば
$$V_1 = (I_B+I_2) \times R_1$$
となります。
　電源電圧 V_{CC} を含むベース側のループを考えると、キルヒホッフの法則から
$$V_{CC} = V_1 + V_2 = R_1 \times (I_B+I_2) + R_2 \times I_2$$
となります。
　題意から、I_2 は I_B に比べて十分大きいとしているので（$I_2 \gg I_B$）、
$$V_{CC} = R_1 \times (I_B+I_2) + R_2 \times I_2 \approx R_1 \times I_2 + R_2 \times I_2$$
となります。これより I_2 は

6-1 固定バイアス法と電流帰還バイアス法

$$I_2 = \frac{V_{CC}}{R_1+R_2}$$

となり、ベース電圧 V_B は

$$V_B = R_2 \times \frac{V_{CC}}{R_1+R_2} = \frac{R_2}{R_1+R_2} V_{CC}$$

となります。

$$答：V_B = \frac{R_2}{R_1+R_2} V_{CC}$$

6−2 負荷線と動作点

トランジスタ増幅回路の基本的な考え方になっている負荷線と動作点について説明します。具体的な負荷線の引き方と動作点の決め方について説明します。

6−2−1　直流負荷線と動作点

電流帰還バイアス回路（図6−6）において、入力信号が直流の場合について説明します。トランジスタ Tr のコレクタ側の回路は、電源電圧 V_{CC} と抵抗 R_3、R_4 のみとなります。この部分を書き直すと図6−8のようになります。

ここで、$V_{CC}=10\,[V]$、$R_3=3.9\,[k\Omega]$、$R_4=200\,[\Omega]$ とします。トランジスタの出力特性に負荷線を引きます。負荷線の引き方を図6−9に示します。すなわち、出力特性の横軸 V_{CE} に $V_{CC}=10\,[V]$ を取ります。次に、縦軸 I_C には、合成抵抗 R_A

$$R_A = R_3 + R_4 = 3.9\,[k\Omega] + 200\,[\Omega] = 4.1\,[k\Omega]$$

から求めたコレクタ電流

$$I_C = \frac{V_{CC}}{R_A} = \frac{10\,[V]}{4.1\,[k\Omega]} = 2.4\,[mA]$$

を取ります。その後に、$10V$ と $2.4mA$ を通るように直線を引きます。直線の傾き θ_A を求めると、

$$\theta_A = \frac{I_C}{V_{CC}} = \frac{2.4\,[mA]}{10\,[V]} = \frac{1}{4.2\,[k\Omega]} (\approx 0.24\,[1/k\Omega])$$

になります。θ_A は上の式から $\theta_A = \frac{I_C}{V_{CC}} = \frac{1}{R_A}$ となり、合成抵抗 R_A の逆数になります。

このような直線を**負荷線**といいます。直流で考えているので、厳密には**直流負荷線**といいます。直線の傾きの逆数 $\frac{1}{\theta_A}$ が抵抗になります。この例の場合には $4.2\,[k\Omega]$ になります。負荷線はトランジスタのコレクタ側に接続された出力回路の電圧−電流の関係を示したものです。言い換えると、トランジスタのコレクタ・エミッタ間に加わる電圧 V_{CE} とコレクタ電流 I_C の関係を示したものです。

6-2 負荷線と動作点

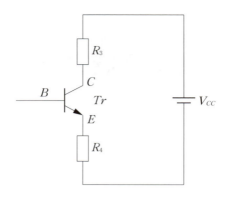

図6－8 トランジスタ回路のコレクタ側の等価回路

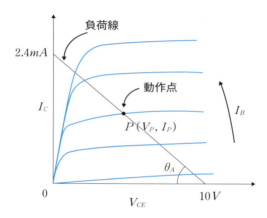

図6－9 トランジスタの出力特性に負荷線を引く（直流の場合）

負荷線上の V_{CE} と I_C の値をトランジスタの**動作点**といいます。動作点の極端な場合として、$I_C = 0$ のときは電源電圧 V_{CC} がそのままトランジスタのコレクタ・エミッタ間に加わるので $V_{CE} = V_{CC} = 10\,[V]$ になります。逆に、$V_{CE} \approx 0$ のときはコレクタに流れる電流は

$$I_C = \frac{V_{CC} - V_{CE}}{R_A} = \frac{10V - 0V}{4.1k\Omega} = 2.4\,[mA]$$

となります。

動作点の決め方の例として、$V_{CE} = 6\,[V]$ を設定すれば、コレクタ電流は

$$I_C = \frac{10V - 6V}{4.1k\Omega} \approx 1.0\,[mA]$$

となります。このことは、トランジスタの動作点は必ず負荷線上にあることを意味します。

トランジスタの出力特性でベース電流 I_B が決まれば、そのときの出力特性と負荷線の交点、例えば図6－9の P 点がこのトランジスタの動作点（$V_P=V_{CE}$、$I_E=I_P$）になります。ベース電流 I_B が変われば動作点も変わります。上の例のように動作点は負荷線上で変わります。トランジスタ回路を設計する場合は、最初にトランジスタの動作点を決める必要があります。

次に、交流信号の場合について考えてみます。

交流の場合の電流帰還バイアス回路を図6－10に示します。このような回路を1段トランジスタ増幅回路といいます。R_L は増幅回路の負荷になります。多段の増幅回路であれば次段のトランジスタの入力抵抗になります。また、スピーカに直接接続した場合は、スピーカ内部のコイル抵抗が負荷になります。

図6－10の回路で、$R_L=5\,[k\Omega]$ とします（V_{CC}、R_3、R_4 は図6－6と同じ）。トランジスタに入ってくる信号は交流なので、トランジスタのコレクタ側に接続されたコンデンサ C_1 と C_2 を考慮しなければなりません。交流はコンデンサを通るので、トランジスタのコレクタ側の回路は等価的に図6－11のようになります。なお、電池など直流電源は交流に対して通常は抵抗は0とみなします。

コレクタ側の回路の合成抵抗 R_B は R_3 と R_L の並列接続になります。

合成抵抗 R_B は

$$R_B = \frac{R_3 \times R_L}{R_3 + R_L} = \frac{3.9 \times 5}{3.9 + 5} \approx 2.2\,[k\Omega]$$

となり、直流負荷線の場合の $R_A=4.1\,[k\Omega]$ より小さくなります。合成抵抗 R_B を使って負荷線を引き直してみます。直流のベース電流 I_B は変わらないとして（これに交流信号が重畳するので）、動作点 P を通るように直線を引きます。

直線の傾き θ_B は

$$\theta_B = \frac{1}{R_B} = \frac{1}{2.2\,[k\Omega]} \approx 0.455\,[1/k\Omega]$$

となり、直流の場合の θ_A より大きくなります。

このようにして引いた負荷線を図6－12に示します。直流の場合に比べて交流の負荷線の方が立っています。直流の場合と区別するために交流負荷線といいます。トランジスタの動作点が同じでも、直流と交流とではコレクタ側の電流の流れる回路が違ってくることを意味します。

6-2 負荷線と動作点

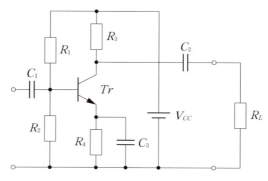

図6-10 電流帰還バイアスによるトランジスタ増幅回路（交流の場合）

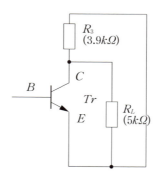

図6-11 コレクタ側の等価回路（交流の場合）

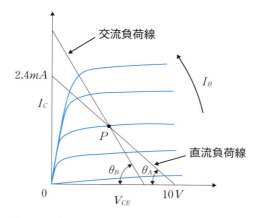

図6-12 トランジスタの出力特性に負荷線を引く（交流の場合）

6−2−2　負荷線を引く場合と動作点を決める場合の注意事項

負荷線を引く場合とトランジスタの動作点を決める場合に注意しなければならないことがあります。入出力信号の波形ひずみとトランジスタの最大定格です。

◇波形ひずみ

交流の入力信号 I_B と出力信号 V_{CE}、I_C が負荷線上の動作点を中心に変化している様子を図 6−13 に示します。I_B と I_C は位相は同じです。V_{CE} の位相は I_B と I_C の逆になります。いずれの波形もひずみはありません。負荷線の引き方と動作点の決め方がうまくいった場合です。動作点 P_1（$V_{P_1}=V_{CE}$、$I_{P_1}=I_C$）は負荷線上の中央付近にあります。

一方、波形ひずみが生じる場合の様子を図 6−14 に示します。動作点の取り方が悪い例で、動作点 P_2（$V_{P_2}=V_{CE}$、$I_{P_2}=I_C$）は負荷線上の中央付近からずれた端の方に設定されています。これにより入力信号、出力信号ともに波形がひずんでいます。また、動作点がうまく設定されていても入力電圧が大きくなってくると波形ひずみが生じる要因にもなります。

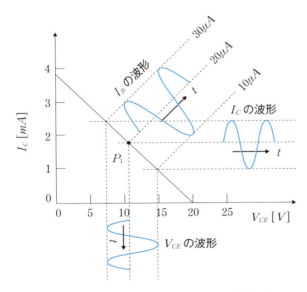

図 6−13　波形ひずみがない場合の入力信号 I_B と出力信号 V_{CE}、I_C の関係

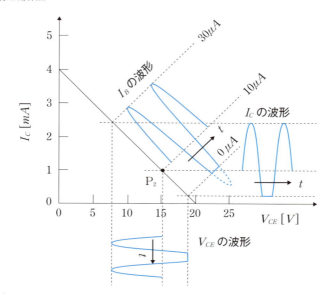

図6−14 波形ひずみがある場合の入力信号 I_B と出力信号 V_{CE}、I_C の関係

◇トランジスタの最大定格

トランジスタを使用する際に、最大定格を超えて電流を流したり、電圧を加えたりすると発熱や耐圧限界による素子破壊を引き起こします。また、電流と電圧が定格以内であっても電力が最大定格を超えてしまうと熱破壊や熱暴走を引き起こします。

このようにトランジスタには、使用できる電圧、電流、電力の限界があります※注。

あらためて基本的な考え方をまとめると以下のようになります。

トランジスタの出力特性で最大定格を図示したものを図6−15に示します。図中の破線が使用できる電圧、電流、電力の限界を示したもので、電圧の限界を $V_{CE\,max}$（または $V_{CEO\,max}$）、電流の限界を $I_{C\,max}$ で表します。破線の内側を安全領域といいます。破線のカーブの部分は電力の限界線で「電力 W＝電圧 V×電流 I＝一定」で表される双曲線になります。電力の限界をコレクタ損失（P_C）といい、これの最大を最大コレクタ損失（$P_{C\,max}$）といいます。負荷線を引くときは必ず破線の内側でなければなりません。発熱をできるだけ低く抑え、波形ひずみを生じないようにするためにはおのずから領域が限られてきます。

※注：これについては、第5章のトランジスタ2SC1815の出力特性（図5−11）で説明しています。

トランジスタには 3 つの動作領域（飽和領域、しゃ断領域、活性領域）があります。トランジスタを増幅回路に使用する場合には、ベース電流によってコレクタ電流の流れ方が異なってくる活性領域を利用します。トランジスタを無接点スイッチとして使用する場合には、飽和領域としゃ断領域を ON/OFF のスイッチ動作に利用します。

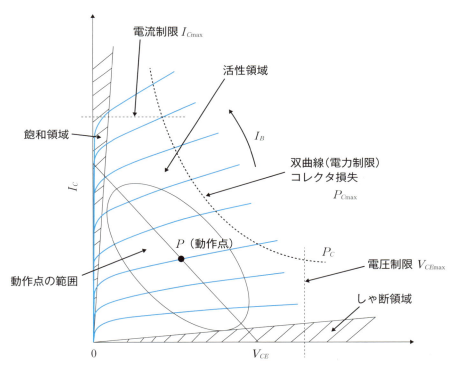

図 6-15 トランジスタの出力特性と最大定格からくる負荷線の限界

> [例題 6-3]
> トランジスタ $2SC1815$ の最大コレクタ損失は $P_{C\,max}=400\,[mW]$ である。コレクタ・エミッタ間の電圧限界を $V_{CE\,max}=10, 20, 30, 40, 50, 60\,[V]$ としたときのコレクタ電流の限界 $I_{C\,max}$ を求めなさい。また、方眼紙の横軸に $V_{CE\,max}$、縦軸に $I_{C\,max}$ をとり、計算値をプロットしなさい。

[解答]

最大コレクタ損失 $P_{C\,max}$ は

6-2 負荷線と動作点

$$P_{C\,max} = V_{CE\,max} \times I_{C\,max}$$

で与えられます。

この式に $V_{CE\,max}=10, 20, 30, 40, 50, 60\,[V]$ を代入して $I_{C\,max}$ を計算すると、表6－1が得られます。これを方眼紙にプロットすると図6－16が得られます。これが最大コレクタ損失 $P_{C\,max}$ のグラフになります。双曲線が得られました。

表6－1 $V_{CE\,max}$ と $I_{C\,max}$ **計算値**

$V_{CE\,max}\,(V)$	$I_{C\,max}\,(mA)$
10	40
20	20
30	13
40	10
50	8
60	7

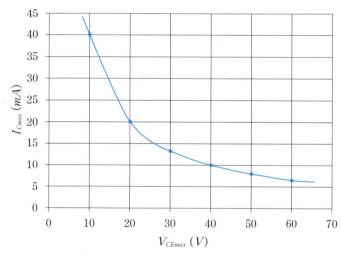

図6－16 最大コレクタ損失 $P_{C\,max}$ のグラフ

答：表6－1　図6－16

第7章
トランジスタ増幅回路の回路定数決定と動作実験

　前章で説明した基本事項や留意事項をベースに、電流帰還バイアス法によるトランジスタ増幅回路を設計し、実際に製作して動作確認します。回路設計では抵抗やコンデンサの回路定数を決定します。回路定数の決定に際しては、トランジスタの基本仕様と負荷線を基に具体的な回路定数の決定法と増幅回路の安定度の目安となる安定係数について説明します。最後に、決定した回路定数を使って実際にトランジスタ増幅回路を製作し、入力波形を観測し、増幅回路としての動作確認をします。

7-1 回路定数の決定

汎用の npn トランジスタである$2SC1815-Y$を使用した電流帰還バイアス回路の抵抗とコンデンサの回路定数の決定と、回路計算に必要となる回路中の必要な箇所の電圧と電流値を算出します。設計するトランジスタ増幅回路の回路図は、最も基本的な電流帰還バイアス回路である前章の図6-6と図6-10を使用します。

7-1-1 負荷線と動作点の決定

トランジスタ$2SC1815-Y$の出力特性に負荷線を引きます。出力特性は、実際の測定で得られた第5章の図5-15を使用します。負荷線を引く場合は、図5-11「2SC1815の出力特性と最大定格の関係」の安全領域内で引くようにします。

図5-15の出力特性に負荷線を引きます（図7-1）。ここで、電源電圧を$V_{CC}=10$ [V] とします。ベース電流$I_B=20$ [μA] の出力特性と負荷線が交わる点Pをトランジスタの動作点（$V_p=4$ [V]、$I_p=3.5$ [mA]）と決めます。

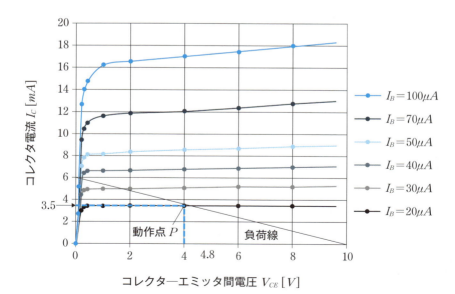

図7-1 トランジスタ2SC1815-Yの出力特性に負荷線を引く

7−1−2 抵抗 R_3 の決定

負荷線の傾き θ_B から抵抗 R_B を計算します。図6−11に示したように、交流の場合には抵抗 R_B は R_3 と R_L が並列回路になります。設計では負荷抵抗 R_L は $5\,[k\Omega]$ とします。

負荷線の傾きから R_B は

$$R_B = \frac{V_{CC} - V_p}{I_p} = \frac{10 - 4}{3.5 \times 10^{-3}} = 1714\,[\Omega] = 1.714\,[k\Omega]$$

となります。

したがって、$R_B = \dfrac{R_3 \times R_L}{R_3 + R_L}$ より

$$1.714 = \frac{R_3 \times 5}{R_3 + 5}$$

となり、これより R_3 は

$$R_3 = 2.6\,[k\Omega]$$

が得られます。実際の抵抗値は $3\,k\Omega \sim 4\,k\Omega\,(1/4W)$ の範囲を使用します。

7−1−3 帰還抵抗 R_4 の決定

帰還抵抗は大きいほどコレクタ電流を安定させることができます。しかしあまり大きくすると直流の電圧降下分 V_4 が大きくなり[※注]、動作点を同じ値に保つためには電源電圧 V_{CC} を高くとる必要があります。このことから電圧降下分 V_4 は $1V$ 以下に見積もるようにします。設計では $V_4 = 0.7\,[V]$ とします。

帰還抵抗 R_4 の値は、動作点の電流から

$$R_4 = \frac{V_4}{I_p} = \frac{0.7}{3.5 \times 10^{-3}} = 200\,[\Omega]$$

となります。実際の抵抗値は、計算値と同じ $200\Omega\,(1/4W)$ を使用します。

7−1−4 抵抗 R_1 と R_2 の決定

抵抗 R_1 と R_2 は電源電圧 V_{CC} を分圧してベース電圧 V_B を一定にします。R_1 と R_2 の両方を小さくすると V_B は安定しますが、あまり小さいと電流が流れすぎて V_{CC} の電力が余分に必要になります。また、R_2 が小さすぎると入力信号が R_2 に多く流れてしまい、トランジスタのベース側には流れなくなってしまいます。このようなことから R_1 と R_2 は適当な選択が必要になります。

選択の目安に使われるのが安定係数 S です。安定係数 S はリーク電流 I_{CBO} の

※注：V_4 と以降の V_2、V_B については、図6−6を参照。

7-1 回路定数の決定

変化（ΔI_{CBO}）によるベース電流の変化に対するコレクタ電流の変化（ΔI_C）の割合を表したものです。すなわち、$S = \dfrac{\Delta I_C}{\Delta I_{CBO}}$ のことをいいます。

R_1 と R_2 は安定係数 S を使ってそれぞれ次の近似式から算出できます。

$$R_1 = \frac{V_{CC}}{I_p} \times S \qquad (7-1)$$

$$R_2 = \frac{R_1 \times R_4 \times S}{R_1 - R_4 \times S} \qquad (7-2)$$

安定係数は通常 $S = 5 \sim 15$ の範囲に選定します。ここでは、$S = 7$ として計算します。$V_{CC} = 10\,[V]$、$I_p = 3.5\,[mA]$ を（1）式に代入して R_1 を求め、得られた R_1 と $R_4 = 200\,[\Omega]$ を式（7-2）に代入して R_2 を求めます。

$$R_1 = \frac{10}{3.5 \times 10^{-3}} \times 7 \approx 20\,[k\Omega]$$

$$R_2 = \frac{20 \times 0.2 \times 7}{20 - 0.2 \times 7} \approx 1.5\,[k\Omega]$$

このように R_1 と R_2 の値を概算することができます。

これより、ベース電圧 V_B は

$$V_B = \frac{R_2}{R_1 + R_2} \times V_{CC}$$

$$= \frac{1.5}{20 + 1.5} \times 10$$

$$\approx 0.7\,[V]$$

が得られます。

R_1 と R_2 は次のようにして計算することもできます。

R_1 と R_2 の計算のために書き直した回路図を図7-2に示します。図中の記号を使って計算式を導きます。

抵抗 R_1 と R_2 の値を導く式は

$$R_1 = \frac{V_{CC} - V_B}{I_2 + I_B} \qquad (7-3)$$

$$R_2 = \frac{V_B}{I_2} \qquad (7-4)$$

となります。

計算で使用する V_B、I_B、I_2 をそれぞれ求めます。

V_B は

$$V_B = V_{BE} + V_4$$

から求められます。$V_{BE}=0.6\ [V]$、$V_4=0.7\ [V]$ として計算すると

$$V_B = 0.6 + 0.7 = 1.3\ [V]$$

になります。

　I_B は、負荷線が $I_B=20\ [\mu A]$ のきの出力特性を使用していますので、20 $[\mu A]$ です。

　I_2 は、抵抗 R_1 を流れる電流を I_1 とすると、$I_2 = I_1 - I_B$（$I_1 = I_2 + I_B$）で表されます。すなわち、I_1 は I_2 と I_B に分流します。

　分流の割合を $I_2 = 25 \times I_B$ とすると、I_2 は

$$I_2 = 25 \times (20 \times 10^{-6}) = 500\ [\mu A]$$

となります。

　これらの値を式（7－3）と式（7－4）に代入します。

$$R_1 = \frac{V_{CC} - V_B}{I_2 + I_B} = \frac{10 - 1.3}{(500 + 20) \times 10^{-6}} \approx 17\ [k\Omega]$$

$$R_2 = \frac{V_B}{I_2} = \frac{1.3}{500 \times 10^{-6}} \approx 2.6\ [k\Omega]$$

これらの値は、安定係数から概算した値に大略近い値になっています。

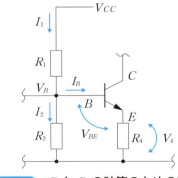

図7－2　R_1 と R_2 の計算のための回路図

　以上の計算値を一つの目安として、実際に使用する抵抗値は、$R_1 = 20k\Omega \sim 40k\Omega\ (1/4W)$ の範囲、$R_2 = 2\ k\Omega \sim 4\ k\Omega\ (1/4W)$ の範囲を使用します。

7－1－5　コンデンサ C_1、C_2、C_3 の決定

　入力コンデンサ C_1、出力コンデンサ C_2、帰還抵抗と並列接続されたコンデン

サ C_3 を決定します。

◇ **入力コンデンサ C_1**

交流の入力信号からみた入力回路は、等価的にコンデンサ C_1 とトランジスタの入力抵抗 R_i の直列回路と見なすことができます。等価回路を図 7 − 3 に示します。

入力信号の周波数を f とし、C_1 と R_i の直列回路の時定数を $\tau = C_1 R_i$ とすると次式が成り立ちます。時定数 τ は周波数 f の信号が C_1 と R_i の直列回路を通過するための条件式になります。

$$\tau = C_1 R_i = \frac{1}{2\pi f}$$

ここで、具体例として $f = 10\ [kHz]$、$R_i = 1\ [k\Omega]$ とすると、C_1 は

$$C_1 = \frac{1}{2\pi f R_i} = \frac{1}{2\pi \times 10 \times 10^3 \times 1000} \approx 0.016 \times 10^{-6}\ [F] = 0.016\ [\mu F]$$

が得られます。

これは、周波数 10 $[kHz]$ の交流信号を通すためには少なくとも 0.016 $[\mu F]$ のコンデンサ容量が必要であることを意味します。すなわち、C_1 と R_i の直列回路はローパスフィルタとなっており、そのときのカットオフ周波数が $f = 10\ [kHz]$ となります。コンデンサ容量をこれより大きめにしておけば 10 $[kHz]$ より低い周波数の交流を通すことができます。

実際には、少し大きめの 10 $[\mu F]$ の電解コンデンサを使用します。

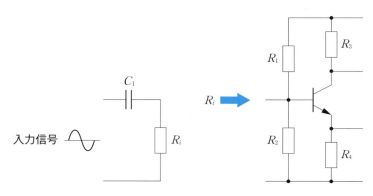

図 7 − 3　コンデンサ C_1 と入力抵抗 R_i の直列回路

◇出力コンデンサ C_2

入力コンデンサ C_1 と同じ考え方で算定できます。出力回路は C_2 と負荷抵抗 R_L の直列回路になります。トランジスタの出力抵抗 R_0 はかなり小さいのでこれを無視します。等価回路を図7－4に示します。

入力回路と同じように次式が成り立ちます。

$$C_2 = \frac{1}{2\pi f R_L}$$

$f = 10\ [kHz]$、$R_i = 5\ [k\Omega]$ として C_2 を算出します。

$$C_2 = \frac{1}{2\pi f R_L} = \frac{1}{2\pi \times 10 \times 10^3 \times 5000} = 0.003 \times 10^{-6}\ [F] = 0.003\ [\mu F]$$

実際には、C_2 は大きめの $1\ [\mu F]$ の電界コンデンサを使用します。

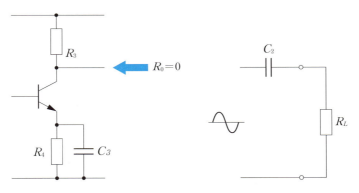

図7－4 コンデンサ C_2 と負荷抵抗 R_L の直列回路

◇コンデンサ C_3 の決定

計算式はこれまでと同様ですが、C_3 に接続されている抵抗については、帰還抵抗 R_4 の他に、エミッタ・ベース間抵抗、R_1 と R_2、これらが並列になって接続され、C_3 からみた合成抵抗（R_e とする）は複雑です。簡単には算定できません。通常、合成抵抗は数100Ω 程度なので、ここでは $100\ [\Omega]$ と見積もって計算します。

$$C_3 = \frac{1}{2\pi f R_e} = \frac{1}{2\pi \times 10 \times 10^3 \times 100} = 0.16 \times 10^{-6}\ [F] = 0.16\ [\mu F]$$

計算結果から、$1\ [\mu F]$ 以下の小さい値になります。実際には $1\ [\mu F]$ の電界コンデンサを使用します。または省くこともできます。

7-1 回路定数の決定

　以上の7-1-1から7-1-2までの計算で得られた回路定数と必要項目をまとめると表7-1のようになります。また、設計したトランジスタ増幅回路を図7-5に示します。

表7-1　トランジスタ増幅回路の定数決定と必要項目

回路部品と必要項目	記号	形名、定数、条件
電源電圧	V_{CC}	10 [V]
トランジスタ	Tr	$2SC1815-Y$, $h_{FE}=120〜240$
動作点	V_P, I_P	$V_P=4$ [V], $I_P=3.5$ [mA]
抵抗	R_1	39 [kΩ], 1/4 [W]
	R_2	3.9 [kΩ], 1/4 [W]
	R_3	3.9 [kΩ], 1/4 [W]
	R_4	200 [Ω], 1/4 [W]
	R_L	5 [kΩ], 1/4 [W]
コンデンサ	C_1	10 [μF], 50 [V]
	C_2	1 [μF], 50 [V]
	C_3	1 [μF], 50 [V]

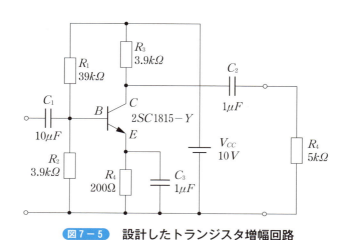

図7-5　設計したトランジスタ増幅回路

第7章 トランジスタ増幅回路の回路定数決定と動作実験

[例題7−1]

トランジスタ増幅回路の安定度の目安として使われる安定係数は以下の近似式で求めることができる。表7−1の定数を使用して安定係数 S を求めなさい。

$$S = \frac{R_4 + \dfrac{R_1 R_2}{R_1 + R_2}}{R_4 + \dfrac{R_1 R_2}{R_1 + R_2} \times \dfrac{1}{1 + h_{FE}}}$$

[解答]

表7−1の定数を題意の式に代入します。$2SC1815-Y$ の電流増幅率 h_{FE} は 120〜210なので計算では $h_{FE} = 150$ とします。

$$S = \frac{R_4 + \dfrac{R_1 R_2}{R_1 + R_2}}{R_4 + \dfrac{R_1 R_2}{R_1 + R_2} \times \dfrac{1}{1 + h_{FE}}} = \frac{0.2 + \dfrac{39 \times 3.9}{39 + 3.9}}{0.2 + \dfrac{39 \times 3.9}{39 + 3.9} \times \dfrac{1}{1 + 150}} \approx 16.75$$

設計したトランジスタ増幅回路の安定係数として、$S = 16.8$ が得られます。

答：$S = 16.8$

7-2 トランジスタ増幅回路の製作と動作実験

　設計した回路定数をもとに実際にトランジスタ増幅回路を製作します。表7－1の部品仕様と図7－5の回路図を参照して回路配線します。ブレッドボード上で製作したトランジスタ増幅回路を写真7－1に示します。

　増幅回路の入出力波形を観測するために、オシロスコープの$CH1$と$CH2$のプローブは図7－6に示すように$CH1$は入力側に、$CH2$は出力側に接続し、入出力波形を同時観測します。

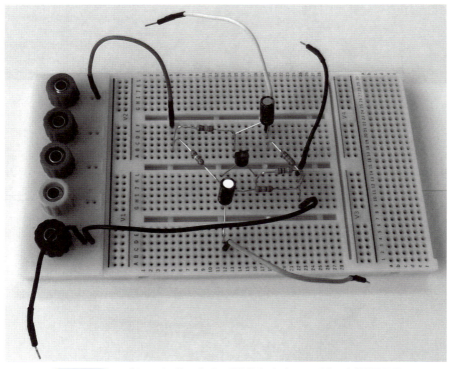

写真7－1　ブレッドボード上で製作したトランジスタ増幅回路

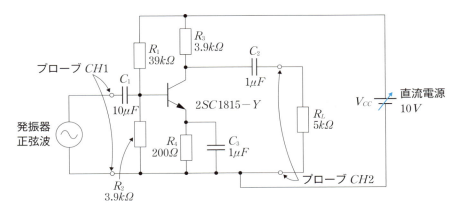

図7-6 トランジスタ増幅回路のプローブの接続箇所

　実験回路全景を写真7-2に示します。

　ブレッドボード上で製作したトランジスタ増幅回路に発振器、直流電源、オシロスコープのプローブを接続します。入力信号は発振器の正弦波電圧とします。入力電圧 V_{0-p} は 0～500 [mV] の範囲で可変します。周波数 f は 1 [kHz] と 10 [kHz] に設定します。

　入力電圧が $V_{0-p}=200$ [mV]（周波数 $f=10$ [kHz]）のときの入出力波形を写真7-3に示します。出力電圧は約 $V_{0-p}=2.4$ [V] に増幅されています。これより入出力間の増幅度 A は $A=\dfrac{2.4V}{200mV}=12$ 倍となります。電圧利得で計算すると $G=20\ log\ A=20\ log\ 12≈21.6$ [dB] になります。出力波形には波形ひずみはありません。

　次に、入力電圧が $V_{0-p}=500$ [mV]（周波数 $f=10$ [kHz]）のときの入出力波形を写真7-4に示します。出力波形にひずみが生じます（入力波形にもほんの少しひずみが出ています）。これは第6章の図6-14の入出力電圧の波形ひずみを説明した図からも推測することができます。

　なお、入出力波形の周期 T は、オシロスコープの横軸の横軸である時間軸レンジ（$20μs/DIV$）から $T=5cm×20μs/DIV=100μs$ となります。これより周波数 f を求めると $f=\dfrac{1}{T}=\dfrac{1}{100μs}=10$ [kHz] となり、当然のことながら発振器で設定した周波数と同じになります。

　波形ひずみがない写真7-3の場合のトランジスタ増幅回路の各ポイントの電圧を実測します。測定例を表7-2に示します。表の中でベース電流 I_B と I_2

は、$I_B = \dfrac{V_1}{39k\varOmega} - \dfrac{V_2}{3.9k\varOmega}$、$I_2 = \dfrac{V_2}{3.9k\varOmega}$ から求めています。また、測定値の $V_{BE} = 0.64\,[V]$ と $V_4 = 0.246\,[V]$ からベース電圧 V_B は $V_B = V_{BE} + V_4 = 0.886\,[V]$ となり、V_2 の測定値に等しくなります。さらに 7 − 1 節の安定係数から求めた R_1 と R_2 の計算から得た $V_B \approx 0.7\,[V]$ に近い値になります。

コレクタ電流 I_C は $I_C = \dfrac{V_3}{R_3} = \dfrac{V_3}{3.9k\varOmega}$ から求めています。トランジスタの実際の動作点 P の電圧 V_P と電流 I_P は、$V_P = V_{CE} = 5.02\,[V]$、$I_P = I_C = 1.22\,[mA]$ となります。7 − 1 節の「7 − 1 − 2 抵抗 R_3 の決定」の際に、負荷線から推定した動作点($V_P = 4\,[V]$、$I_P = 3.5\,[mA]$)に大略近い値になっています。

トランジスタの増幅率は $h_{FE} = \dfrac{I_C}{I_B}$ で与えられます。表の測定値 $I_C = 1.22\,[mA]$、$I_B = 7.69\,[\mu A]$ から h_{FE} を求めると $\dfrac{1.22mA}{7.69\mu A} \approx 160$ となり、表 7 − 1 の 2SC1815 − Y のスペック値($h_{FE} = 120 \sim 240$)の範囲に入っています。

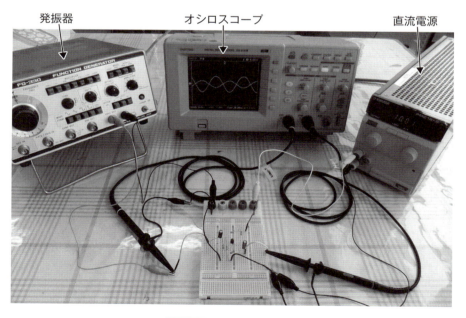

写真 7 − 2　**実験回路全景**

第7章 トランジスタ増幅回路の回路定数決定と動作実験

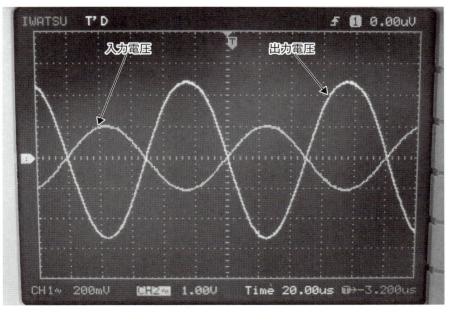

写真7-3 波形みずみがない場合（入力電圧 $V_{0-p} = 200\ [mV]$）

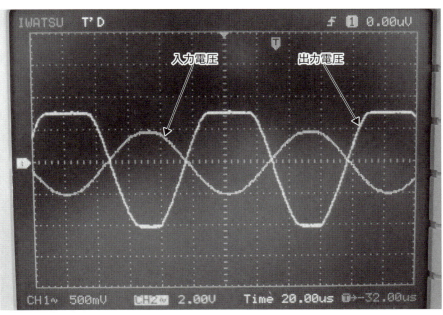

写真7-4 波形みずみがある場合（入力電圧 $V_{0-p} = 500\ [mV]$）

7-2 トランジスタ増幅回路の製作と動作実験

表7-2　増幅回路の各ポイントの測定

項目	測定値	単位
V_{BE}	0.64	V
V_1	9.16	V
V_2	0.886	V
V_3	4.77	V
V_4	0.246	V
V_{CE}	5.02	V
I_B	7.69	μA
I_2	0.227	mA
I_C	1.22	mA

（I_B、I_2、I_C は計算値）

第 8 章
トランジスタのパラメータと等価回路

　トランジスタは、エミッタ、コレクタ、ベースの3端子で構成されていることから、送り出し側である入力端子と受け取り側である出力端子をもつ2端子対回路として扱うことができます。トランジスタ増幅回路を2端子対回路として、hパラメータを使った等価回路で扱うことにより増幅回路の特性について知ることができます。本章では、トランジスタを2端子対回路として扱うときのhパラメータの考え方とhパラメータによる等価回路の扱い方について説明します。

8-1 Rパラメータ

最初に、**R パラメータ**について説明します。**インピーダンス・パラメータ**といわれています。トランジスタの等価回路をインピーダンスのみのパラメータで表現したものです。R パラメータを理解することにより、次項の h パラメータについて理解することができます。

2 端子対回路の基本的な表示法を図 8-1 に示します。**2 端子対回路**のことを**4 端子網**または **2 ポート**ともいいます。2 端子対回路では、抵抗 R、インダクタンス L、キャパシタンス C などの受動素子だけでなく、トランジスタなどの能動素子を含みます。

入力と出力の端子番号をそれぞれ①、①′、②、②′と付けます。この回路では次の式（8-1）と式（8-2）が成り立ちます。添え字の I、R、F、O はそれぞれ Input、Reverse、Forward、Output の頭文字です。

図 8-1　2 端子対回路の表示法

$$V_1 = R_I \times I_1 + R_R \times I_2 \qquad (8-1)$$
$$V_2 = R_F \times I_1 + R_O \times I_2 \qquad (8-2)$$

式（8-1）について説明します。

R_I は端子①と①′の間に接続された抵抗で、$I_2 = 0$ であればオームの法則から $V = R_I \times I_1$ となります。

R_R は帰還抵抗といわれるもので、$I_1 = 0$ のとき $V_1 = R_R \times I_2$ となります。これは端子②と②′の間に電流 I_2 を流したとき端子①と①′の間に電圧 V_1 が発生することを意味します。

入力の端子電圧 V_1 は $R_I \times I_1$ と $R_R \times I_2$ の電圧を合わせたものになります。回路網ではこれを**重畳の定理**といいます。このことから上記（1）式の

$$V_1 = R_I \times I_1 + R_R \times I_2$$

が得られます。

次に、式（8−2）について説明します。

R_F は**変換抵抗**または**伝達抵抗**といいます。$I_2 = 0$ のとき $V_2 = R_F \times I_1$ となります。端子①と①′の間に電流 I_1 を流したときに端子②と②′の間に電圧 V_2 が発生することを意味します。R_F は入力から出力側から見た順方向（$Forward$）の抵抗です。これに対して、R_R は逆方向（$Reverse$）の抵抗になります。

R_O は端子②と②′の間に接続された抵抗で、$I_1 = 0$ のときオームの法則から $V_2 = R_O \times I_2$ となります。

出力の端子電圧 V_2 は重畳の定理から $R_F \times I_1$ と $R_O \times I_2$ の電圧を合わせたものになります。すなわち

$$V_2 = R_F \times I_1 + R_O \times I_2$$

となり、上の式（8−2）が得られます。

上で述べた R_I、R_R、R_F、R_O を R パラメータといいます。いずれも抵抗の次元で、単位はオーム $[\Omega]$ です。

このように R パラメータを使って回路網の特性を表すことができます。

8-2 hパラメータ

h パラメータは図 8-2 の (a)、(b)、(c)、(d) で定義されます。h パラメータのことを**混合定数**ともいいます。4種類の h パラメータを得ることができます。上記の R パラメータと同じように考えます。

図 8-2 (a) より

$$V_1 = h_I \times I_1 \tag{8-3}$$

または

$$h_I = \frac{V_1}{I_1} \tag{8-4}$$

となります。h_I は R_I と同じようにオームの法則に従うもので、中身は抵抗(オーム [Ω])になります。**出力端短絡入力インピーダンス**といいます。

図 8-2 (b) より

$$V_1 = h_R \times V_2 \tag{8-5}$$

となります。これは端子②と②′間に電圧 V_2 を加えて I_2 を流したときに、端子①、①′間に電圧 V_1 が発生するとした場合です。

h_R は次のように V_1 と V_2 の比で表されます。**入力端開放帰還電圧比**といいます。h_R は電圧比なので単位はありません。

$$h_R = \frac{V_1}{V_2} \tag{8-6}$$

したがって、V_1 は式 (8-3) と式 (8-5) を重畳して

$$V_1 = h_I \times I_1 + h_R \times V_2 \tag{8-7}$$

が得られます。

次に、図 8-2 (c) より

$$I_2 = h_F \times I_1 \tag{8-8}$$

となります。これは入力電流 I_1 を流したとき出力側に I_1 の h_F 倍の電流 I_2 が流れることを意味します。

h_F は次のように I_1 と I_2 の比で表されます。

$$h_F = \frac{I_2}{I_1} \tag{8-9}$$

このように h_F は電流増幅率そのものです。**出力端短絡電流利得**といいます。h_F は電流比なので単位はありません。

図 8-2 (d) より

$$I_2 = h_O \times V_2 \tag{8-10}$$

となります。または、

$$h_O = \frac{I_2}{V_2} \tag{8-11}$$

です。V_2 と I_2 の関係はオームの法則に従います。したがって $\frac{1}{h_O}$ は抵抗の次元です。h_O の逆数である $\frac{1}{h_O}$ をコンダクタンスといいます。**入力端開放出力アドミタンス**といいます。単位は S（ジーメンスと発音）または ℧（Ω を逆に書く、モーと発音）です。

したがって、I_2 は式（8-8）と式（8-10）を重畳して

$$I_2 = h_F \times I_1 + h_O \times V_2 \tag{8-12}$$

が得らえます。

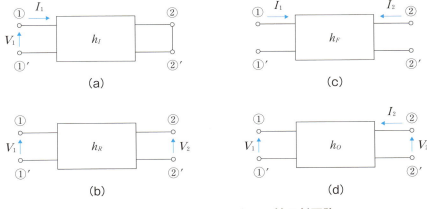

図8-2 パラメータによる2端子対回路

上で述べた h_I、h_R、h_F、h_O を h パラメータといいます。h は *hybrid*（混成、混合などの意味）の頭文字をとっています。

2端子対回路の中身がエミッタ接地のトランジスタであれば、h パラメータは添え字 E を使って次のように表記します。

h_{IE}、h_{RE}、h_{FE}、h_{OE}

h_{FE} はこれまで見てきた電流増幅率です。2SC1825に代表されるように、通常は数十〜数百の範囲の値をとります。

h_{OE} はトランジスタの出力抵抗の逆数になります。出力抵抗はかなり大きいの

8-2 hパラメータ

で h_{OE} は逆に非常に小さい値になります。通常、10^{-6}[℧] オーダです。

実は、上記の h パラメータの表記法は直流の場合です。

トランジスタ増幅回路では交流信号を多く扱います。交流の場合の h パラメータは次のように表します。

h_{ie}　　h_{re}　　h_{fe}　　h_{oe}　　　　　　　　　（エミッタ接地の場合）

h_{ib}　　h_{rb}　　h_{fb}　　h_{ob}　　　　　　　　　（ベース接地の場合）

すなわち、添え字を小文字にします。エミッタ接地の場合は e を、ベース接地の場合は b を添え字にします。h_{fe} は**交流の場合の電流増幅率**になります。直流の場合の h_{FE} と区別されます[※注]。

交流の場合のエミッタ接地の h パラメータの関係式は、式（8－7）と式（8－12）から

$$V_1 = h_{ie} \times I_1 + h_{re} \times V_2 \qquad (8-13)$$

$$I_2 = h_{fe} \times I_1 + h_{oe} \times V_2 \qquad (8-14)$$

となります。

※注：第 6 章の電流増幅率で、直流では h_{FE}、交流では h_{fe} の添え字の違いを説明している。

8-3 h パラメータとトランジスタの性能

　エミッタ接地の場合の h パラメータである h_{ie}、h_{re}、h_{fe}、h_{oe} は、前記の式（8-4）、式（8-6）、式（8-9）、式（8-11）からベース、コレクタの各電圧と電流の変化分を Δ（デルタと発音）で表すと、次のように記述できます。

入力インピーダンス：$h_{ie} = \dfrac{\Delta V_B}{\Delta I_B} = \dfrac{\Delta V_{BE}}{\Delta I_B}$

電圧帰還比：$h_{re} = \dfrac{\Delta V_B}{\Delta V_C} = \dfrac{\Delta V_{BE}}{\Delta V_{CE}}$

電流増幅率：$h_{fe} = \dfrac{\Delta I_C}{\Delta I_B}$

出力コンダクタンス：$h_{oe} = \dfrac{\Delta I_C}{\Delta V_C} = \dfrac{\Delta I_C}{\Delta V_{CE}}$

トランジスタの4つの特性曲線を1つにまとめた模式図を図8-3に示します。各特性の直線部分の傾きを数値で表したものが h_{ie}、h_{re}、h_{fe}、h_{oe} になります。

$I_B - I_C$ 特性の傾き $\left(\dfrac{\Delta I_C}{\Delta I_B} \right)$ が電流増幅率 h_{fe} になります。

$V_{BE} - I_B$ 特性の直線部分の傾き $\left(\dfrac{\Delta V_{BE}}{\Delta I_B} \right)$ は入力インピーダンス h_{ie} になります。

$V_{CE} - I_C$ 特性の直線部分の傾き $\left(\dfrac{\Delta I_C}{\Delta V_{CE}} \right)$ は出力コンダクタンス h_{oe} になります。

$V_{CE} - V_{BE}$ 特性の直線部分の傾き $\left(\dfrac{\Delta V_{BE}}{\Delta V_{CE}} \right)$ は電圧帰還比 h_{re} になります。

8−3 hパラメータとトランジスタの性能

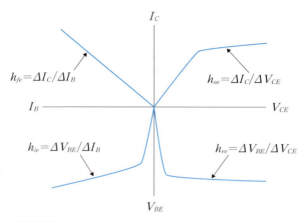

図8−3 エミッタ接地トランジスタの4つの特性曲線

　hパラメータはエミッタ電流や温度によって変化します。エミッタ電流の変化によるhパラメータの変化の例を図8−4に、温度によるhパラメータの変化の例を図8−5に示します。図中のhパラメータはエミッタ電流と温度の変化に対して変化していることがわかります。

　エミッタ電流による変化は、ベース接地の場合の h_{ob} の方がエミッタ接地の場合の h_{fe} に比較して大きく変化しています。また、温度による変化は、h_{oe} の方が h_{fe} に比較して大きく変化しています。

　このようにhパラメータはトランジスタの性能を知る1つの指標になります。

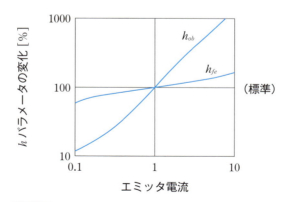

図8−4 エミッタ電流によるhパラメータの変化

第8章 トランジスタのパラメータと等価回路

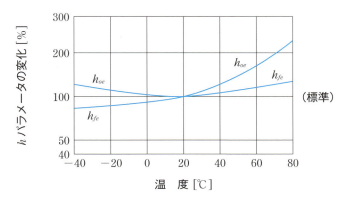

図8-5 温度による h パラメータの変化（縦軸は対数表示）

[例題8-1]

エミッタ接地の場合のトランジスタの2端子対回路で、入力端子①と①′間の電圧を v_i、電流（ベース電流）を i_b、出力端子②、②′間の電圧を v_o、電流（コレクタ電流）を i_c とする。交流の場合の h パラメータ（h_{ie}、h_{re}、h_{fe}、）を使用して入力信号（v_i、i_b）と出力信号（v_o、i_c）の関係式導きなさい。

[解答]

式（8-13）と式（8-14）において、$V_1 = v_i$、$I_1 = i_b$、$V_2 = v_o$、$I_2 = i_o$ とすると

$v_1 = h_{ie} \times i_b + h_{re} \times v_o$ 　　　　　　　　　　　　　（8-15）

$i_c = h_{fe} \times i_b + h_{oe} \times v_o$ 　　　　　　　　　　　　　（8-16）

の h パラメータの関係式が得られます。

ここで、実際のトランジスタでは電圧帰還比 h_{re} と出力コンダクタンス h_{oe} はほとんど0に近い数値なので、式（8-15）と式（8-16）は

$v_1 = h_{ie} \times i_b + h_{re} \times v_o = h_{ie} \times i_b + 0 \times v_o \approx h_{ie} \times i_b$

$i_c = h_{fe} \times i_b + h_{oe} \times v_o = h_{fe} \times i_b + 0 \times v_o \approx h_{fe} \times i_b$

のように表すことができるので、

$h_{ie} \approx \dfrac{v_1}{i_b}$（入力インピーダンス）

$h_{fe} \approx \dfrac{i_c}{i_b}$（電流増幅率）

となります。

8−3 hパラメータとトランジスタの性能

なお、式（8−15）と式（8−16）を行列で表現すると

$$\begin{bmatrix} v_i \\ i_c \end{bmatrix} = \begin{bmatrix} h_{ie} & h_{re} \\ h_{fe} & h_{oe} \end{bmatrix} \begin{bmatrix} i_b \\ v_o \end{bmatrix}$$

のように書くことができます。

<u>答：$v_1 = h_{ie} \times i_b + h_{re} \times v_o \quad i_c = h_{fe} \times i_b + h_{oe} \times v_o$</u>

8-4 トランジスタの小信号等価回路

h パラメータをもった2端子対回路に信号源（内部抵抗 R_g）と負荷抵抗 R_L を接続します（図8-6）。ブラックボックスである2端子対回路の中身がエミッタ接地1段トランジスタ増幅回路とすると、等価回路は図8-7のように表すことができます。例題8-1の式（8-15）と式（8-16）にもとづいて導かれた回路です。このような回路をトランジスタの小信号等価回路といいます。図8-6と対応させるために、端子番号や電圧、電流などの記号は同じにします。また、電圧と電流には方向を示すために矢印を入れます。

等価回路の中は、

　　入力インピーダンス：h_{ie}

　　電圧源：$h_{re} \times v_2$

　　電流源：$h_{fe} \times i_1$

　　コンダクタンス：$\dfrac{1}{h_{oe}}$

の回路要素で構成されています。これらの回路要素は、式（8-15）と式（8-16）に基づいています。

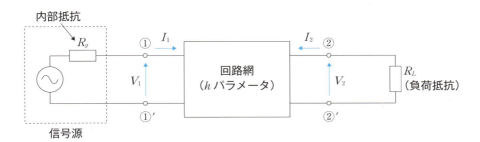

図8-6　2端子対回路に信号源と負荷抵抗を接続する

8-4 トランジスタの小信号等価回路

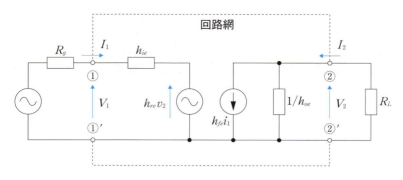

図8-7 トランジスタの小信号等価回路

増幅回路の特性として、入力抵抗 R_{ie}、出力抵抗 R_{oe}、電圧増幅率 G_{ve}、電流増幅率 G_{ie}、電力増幅率 G_{pe} が以下のように定義されます。

$$R_{ie} = \frac{v_1}{i_1} = \frac{h_{ie} + R_L(h_{ie} \cdot h_{oe} - h_{re} \cdot h_{fe})}{1 + h_{oe} \cdot R_L}$$

$$= h_{ie} - \frac{h_{re} \cdot h_{fe}}{\frac{1}{R_L} + h_{oe}} \approx h_{ie} \quad (8-17)$$

$$R_{oe} = \frac{v_2}{i_2} = \frac{1}{h_{oe} - \frac{h_{fe} \cdot h_{re}}{R_g + h_{ie}}} \approx \frac{1}{h_{oe}} \quad (8-18)$$

$$G_{ve} = \frac{v_2}{i_2} = \frac{h_{fe} \cdot R_L}{h_{ie} + (h_{ie} \cdot h_{oe} - h_{re} \cdot h_{fe}) R_L} \approx \frac{h_{fe} \cdot R_L}{h_{ie}} \quad (8-19)$$

$$G_{ie} = \frac{i_2}{i_1} = \frac{h_{fe}}{1 + h_{oe} \cdot R_L} \approx h_{fe} \quad (8-20)$$

$$G_{ie} = \frac{v_2 \cdot i_2}{v_1 \cdot i_1} = \frac{h_{fe}^2}{h_{ie} \cdot h_{oe}(1 + h_{oe} \cdot R_L)} \left(1 + \frac{1}{h_{oe} \cdot R_L} - \frac{h_{re} \cdot h_{fe}}{h_{ie} \cdot h_{oe}}\right)$$

$$\approx \frac{h_{fe}^2 \cdot R_L}{h_{ie}} \quad (8-21)$$

これらの式からトランジスタ増幅回路の入力抵抗 R_{ie} と出力抵抗 R_{oe} はそれぞれ h_{ie} と h_{oe} の逆数で近似されます。また、電流増幅率 G_{ie} は交流の電流増幅率 h_{fe} で近似されます。

上記の式から、入力抵抗 R_{ie}、電圧増幅率 G_{ve}、電力増幅率 G_{pe} は、h パラメータを一定とした場合、負荷抵抗 R_L によって変化することがわかります。入力抵抗 R_{ie} が負荷抵抗 R_L で変化する様子を図8-8に示します。

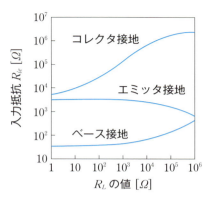

図8-8 入力抵抗 R_{ie} は負荷抵抗 R_L で変化する

> **[例題8-2]**
> 小信号等価回路において電圧増幅率 G_{ve}、電流増幅率 G_{ie}、電力増幅率 G_{pe} が負荷抵抗 R_L の変化（100 [Ω]～1 [MΩ]）によってどのように変化をするのか、各利得を片対数グラフに描きなさい。ただし、各増幅率は利得 [dB] で計算しなさい。ここで、各 h パラメータは $h_{ie}=4.2$ [kΩ]、$h_{oe}=2.6$ [μS]、$h_{re}=5000$、$h_{fe}=170$（2SC1815-Y の場合）とする。

[解答]

式（8-19）、式（8-20）、式（8-21）を使用します。

$$G_{ie} \approx \frac{h_{fe} \cdot R_L}{h_{ie}} = \frac{170 \cdot R_L}{4200}$$

$$G_{ie} = \frac{h_{fe}}{1 + h_{oe} \cdot R_L} = \frac{170}{1 + 2.6 \times 10^{-6} \cdot R_L}$$

$$G_{pe} \approx \frac{h_{fe}^2 \cdot R_L}{h_{ie}} = \frac{170^2 \cdot R_L}{4200}$$

これらの式で R_L を変化させたときの G_{ve}、G_{ie}、G_{pe} を計算します。利得計算（デシベル計算）は、20 $log\ G_{ie}$ [dB]、20 $log\ G_{ie}$ [dB]、10 $log\ G_{pe}$ [dB] から得られます。デシベル計算では、電力のみが log の前の係数が10になります。

具体的な計算例を表8-1に示します。負荷抵抗と各デシベル値の関係を片対数グラフ（横軸が対数表示、縦軸は等間隔表示）に表したものを図8-9に示します。

G_{ve} と G_{pe} は R_L が大きくなるにしたがい共に大きくなりますが、G_{ie} はフラットな特性から負荷抵抗が100 [kΩ] ぐらいから少し減少していきます。

表8-1　各増幅率の計算

負荷抵抗 $R_L [\Omega]$	増幅率			デシベル値 $[dB]$		
	G_{ve}	G_{ie}	G_{pe}	G_{ve}	G_{ie}	G_{pe}
100	4.0	170	688	12	44.6	28
1000	40.5	170	6881	32	44.6	38
10000	404.8	166	68810	52	44.4	48
50000	2023.8	150	344048	66	43.5	55
100000	4047.6	135	688095	72	42.6	58
500000	20238.1	74	3440476	86	37.4	65
1000000	40476.2	47	6880952	92	33.5	68

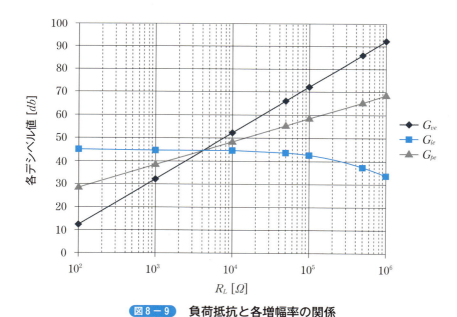

図8-9　負荷抵抗と各増幅率の関係

答：図8-9

第9章
その他の半導体デバイス

　その他の半導体デバイスとして光デバイス、半導体温度デバイス、磁電素子、半導体圧電素子、半導体ガスセンサについて説明します。光デバイスは光起電力効果と光導電効果、これらを応用したフォトダイオード、太陽電池、フォトトランジスタ、LEDについて説明します。半導体温度デバイスはサーミスタとIC温度センサについて、磁電素子はホール効果と磁気抵抗効果、これらを応用したホール素子と磁気抵抗素子について説明します。半導体圧電素子についてはピエゾ抵抗効果と半導体ストレンゲージについて説明します。最後に、酸化物半導体を使用した半導体式ガスセンサについて説明します。これらのデバイスは半導体センサとして広く活用されています。

9-1 光起電効果を応用した光デバイス

　光起電効果を応用した光デバイスとして、フォトダイオード、太陽電池、フォトトランジスタがあります。これらの基本原理と特性、特徴などについて説明します。

9-1-1　光起電効果

　半導体に振動数γの光が入射したとき、$h\gamma$（hはプランクの定数）のエネルギーをもつ光子（フォトン、$photon$という）が入射したと考えます（図9-1）。この光子がエネルギーギャップE_Gをもつ半導体に入射したとき、電子と正孔の対が生成するためには、$h\gamma > E_G$でなければなりません。このときの光の振動数の最低値γ_0は

$$\gamma_0 = \frac{E_G}{h} \tag{9-1}$$

となります。光の波長λ_0は、光速をcとすれば、

$$\lambda_0 = \frac{c}{\gamma_0} = \frac{ch}{E_G} = \frac{3 \times 10^8\,[m/s] \times 6.629 \times 10^{-34}\,[J \cdot s]}{E_G\,[eV]}$$

$$= \frac{3 \times 10^8\,[m/s] \times \dfrac{6.629 \times 10^{-34}}{1.6 \times 10^{-19}}\,[eV \cdot s]}{E_G\,[eV]}$$

$$= \frac{1243 \times 10^{-9}}{E_G}\,[m] = \frac{1243}{E_G}\,[nm] \tag{9-2}$$

が得られます。ここで、光速：$c = 3 \times 10^8\,[m/s]$、プランクの定数：$h = 6.629 \times 10^{-34}\,[J \cdot s]$、$1\,[eV] = 1.6 \times 10^{-19}\,[J]$です。$\gamma_0$以下の振動数、すなわち$\lambda_0$以上の波長の光を、いかに強く照射しても電子・正孔対は生成されません。このγ_0を限界振動数、λ_0を限界波長といいます。

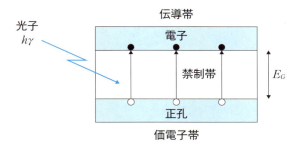

図9－1 光エネルギーで電子・正孔対が生成される

pn 接合に光が照射された場合について説明します（図9－2）。

光の照射により、pn 接合に電子・正孔対が生成されます（図9－2（a））。生成された電子・正孔対のうち、拡散によって接合部に到達した電子と正孔は接合部の電界によるドリフトで p 領域の電子は n 領域に、n 領域の正孔は p 領域に流れ込みます（図9－2（a）の矢印）。その結果、p 領域は正に、n 領域は負に帯電し、pn 接合を順方向にバイアスする向きに光起電力 V_{co} を生じます。これを光起電効果といいます。

pn 接合を短絡すると、図9－2（c）のよう、光の照射によって短絡回路には電流 I_{co} が流れます。この I_{co} を光電流といいます。この電流は pn 接合を逆方向に流れます。

9-1 光起電効果を応用した光デバイス

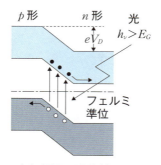

(a) 電子・正孔対の生成

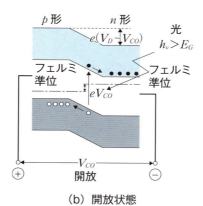

(b) 開放状態

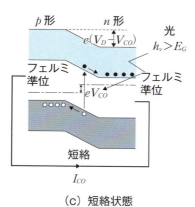

(c) 短絡状態

図9-2 pn 接合に光を照射する

一方、発生した光起電力 V_{CO} によって下記の電流 I_F が pn 接合の順方向に流れます

$$I_F = I_S \left(e^{\frac{qV_{CO}}{\kappa T}} - 1 \right) \qquad (9-3)$$

ここで、I_S は光を照射しないときの pn 接合の逆方向飽和電流、q はキャリアの電荷量（$1.6 \times 10^{-19} \, [C]$）、$\kappa$ はボルツマン定数（$1.38 \times 10^{-23} \, [J \cdot K]$）です。

したがって、外部回路に流れる電流 I は、

$$I = I_{CO} - I_F$$
$$= I_{CO} - I_S \left(e^{\frac{qV_{CO}}{\kappa T}} - 1 \right) \qquad (9-4)$$

となります。

9−1−2　フォトダイオード

フォトダイオード（*PhotoDiode*）は光を照射すると光を電気に変換する半導体デバイスの1つです。前項9−1−1で説明した**光起電効果**を利用しています。

フォトダイオードの図記号とデバイス構成を図9−3に示します。空乏層の p 領域には負のアクセプタイオンが残り、n 領域には正のドナーイオンが残るため、n 領域から p 領域の方向に電界が生じ、拡散によって接合部に到達した電子と正孔はこの電界でドリフトし、図のような電子と正孔の配置になります。図記号は通常のダイオード※注と同じですが、光入射を意味する矢印を追記します。

フォトダイオードの光起電力、光電流、負荷電流の関係を図9−4に示します。フォトダイオードのアノード（A）とカソード（K）間が開放状態で、pn 接合部に光を照射するとアノード・カソード間に光起電力 V_{CO} が発生します（図9−4（a））。この状態でアノード・カソード間を短絡すると短絡電流（光電流）I_{CO} が流れます（図9−4（b））。次に、アノード・カソード間に負荷抵抗 R を接続すると負荷電流 I_L が流れ、抵抗の端子間に電圧 V_L が発生します。

※注：図5−1（b）を参照。

9-1 光起電効果を応用した光デバイス

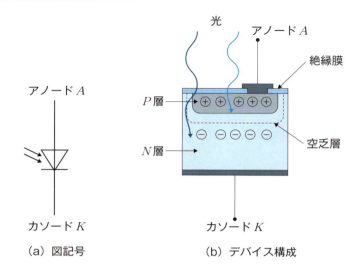

(a) 図記号 (b) デバイス構成

図9-3 フォトダイオードの図記号とデバイス構成

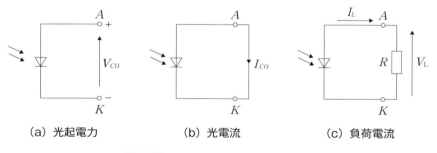

(a) 光起電力 (b) 光電流 (c) 負荷電流

図9-4 フォトダイオードの基本特性

フォトダイオードの電圧（V）-電流（I）特性を図9-5に示します。

入射光がないと、通常のダイオードと同じような特性を示します。光を照射すると入射光がないときの特性を下の方に平行移動したような特性になり、入射光の照度 E_V が大きいほど（$E_{V1} < E_{V2} < \cdots$）特性はより下の方に移動します。負荷線（R_L）と特性の交点が動作点（V_P, I_P）になります。負荷抵抗が小さい場合（$R_{L1} < R_{L2} < \cdots$）は、出力電圧 V_O は照度 E_V に比例します。

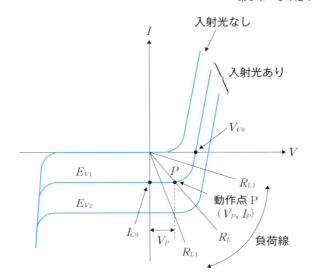

図9－5 フォトダイオードの電圧（V）－電流（I）特性

通常のダイオードと比較した使用例を図9－6に示します。

ダイオードの場合は、アノード・カソード間に順方向に電圧 V_S を加えると順方向（ダイオードのアノードからカソード方向）に電流 I_L が流れます（図9－6（a））。ダイオードの電圧―電流特性に負荷線を引いて交わった交点が動作点（V_{A-K}、I_L）になります。

フォトダイオードの場合は、光を入射するとアノードから負荷側に電流 I_L が流れます（図9－6（b））。電流の向きが通常のダイオードの場合と逆になります。この特性に負荷線を引いたときの動作点は、フォトダイオードの出力電圧（負荷抵抗の端子電圧に等しい）V_L と負荷電流 I_L になります。

図9－6（c）は、フォトダイオードに逆バイアスを加えて使う方法です。この方法は、次のようなメリットがあります。

・照度 E_V の変化に対して出力電圧 V_O の変化が大きく取れる

図9－5と図9－6（c）の $V-I$ 特性から同じ負荷抵抗で照度 E_V を変化させたときの出力電圧 V_O の変化を描くと図9－7のようになります。逆バイアスを加えることにより出力電圧の変化の範囲を大きくすることができます。

・応答時間を速くすることができる

pn 接合に逆バイアスが加わると、空乏層内のアクセプタイオンとドナーイオンで形成された電界がさらに大きくなり、拡散で進入してきた電子、正孔がより

速くドリフトするため応答時間を速めることができます。

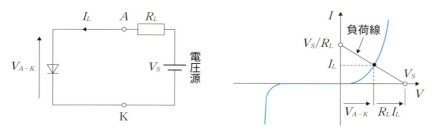
（a）通常のダイオード

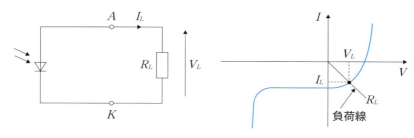
（b）フォトダイオード

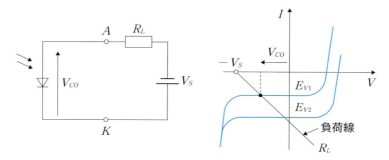
（c）フォトダイオードを逆バイアスで使う

図9-6 通常のダイオードとフォトダイオードの使用比較

第9章 その他の半導体デバイス

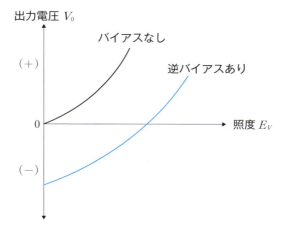

図9－7 逆バイアスの有無による出力電圧の変化の違い

[例題9－1]
　次のフォトダイオードの動作原理の説明文の括弧 A〜L に、該当する用語を入れなさい。

「pn 接合に（A）電圧を加え、接合面に光を照射すると、光のエネルギーが吸収されて光の強さに（B）した数の電子・正孔対が生成され、その一部（少数キャリア）が（C）によって接合部に到達します。到達した電子と正孔は接合部の（D）によるドリフトで p 領域の電子は（E）形半導体の方向へ、n 領域の正孔は（F）形半導体の方向に移動します。その結果、p 領域は（G）に、n 領域は（H）に帯電し、pn 接合を順方向にバイアスする向きに（I）が発生する。これを（J）効果という。また、pn 接合を短絡すると電流が流れる。この電流を（K）という。光が強くなると電流が（L）する。」

[解答]
　（A）は「逆電圧」の"逆"です。通常、フォトダイオードでは、図9－7に示すように逆バイアスの効果を得るために、pn 接合に逆電圧を加えて使用します。
　（B）は「比例」です。電子・正孔対の発生は電流になり、発生数は光の強さに比例します。
　（C）は「拡散」です。生成された電子・正孔対の一部が拡散によって接合部

143

に移動します。

(D) は「電界」です。pn接合の空乏層のp領域にアクセプタイオンが残り、n領域にドナーイオンが残るため、n領域からp領域の方向に電界が生じます。

(E) は「n形」です。p領域で発生した電子はn形半導体に移動します。

(F) は「p形」です。n領域で発生した電子はp形半導体に移動します。

(G) は「正」または「+」で、(H) は「負」または「-」です。p領域の電子がn領域に、n領域の正孔がp領域に移動した結果、p領域は正に、n領域は負に帯電します。

(I) は「光起電力」です。このような効果を (J)「光起電効果」といいます。

(K) は「光電流」です。図9-2 (C) と図9-4 (b) の説明になります。

答：(A) 逆、(B) 比例、(C) 拡散、(D) 電界、(E) n、(F) p、(G) 正、(H) 負、(I) 光起電力、(K) 光電流

9-1-3 太陽電池

太陽電池 (*Solar battery*) は、フォトダイオードを多数並列に接続した構成になります。フォトダイオードを集積した構造をとります。太陽電池セルの構造を図9-8に示します。また、太陽電池の等価回路を図9-9に示します。フォトダイオードの光起電力 V_{OC} と光電流 I_{OC} からなる等価回路です。光電流 I_{OC} と光起電力 V_{OC} によるダイオード順電流 I_F との差が負荷側に流れ込みます。

太陽電池の電圧-電流特性を図9-10に示します。図中の V_{OC} は太陽電池の端子間を開放したときの開放電圧を、I_{SC} は太陽電池の端子間を短絡させたときに流れる短絡電流を、V_M と I_M は太陽電池に負荷を接続して使用する際の最適動作電圧と電流です。特性曲線に内接する方形の面積 ($V_M \times I_M$) が利用できる電力 P になります。この面積が最大になるように負荷を選定するのが最も効果的な使い方になります。

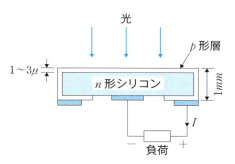

図9－8 太陽電池セルの構造例

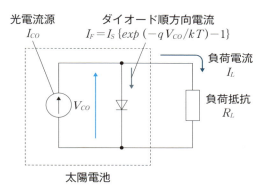

図9－9 太陽電池の等価回路

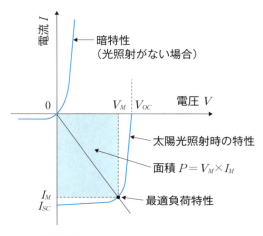

図9－10 太陽電池の電圧─電流特性

9-1 光起電効果を応用した光デバイス

　シリコン太陽電池の変換効率は、理論的には24%です。しかし、受光面における光の反射、封入ケースの光の透過度、発生したキャリアの再結合による消滅、母材や電極などの直列および並列抵抗による抵抗損失などが影響し、実際の変換効率は15〜18%です。

　半導体のエネルギーギャップと変換効率の理論曲線を図9−11に示します。この曲線を**理論限界変換効率曲線**といいます。体表的な半導体であるシリコン（Si、$E_G=1.1\ [eV]$）、ガリウムヒ素（$GaAs$、$E_G=1.43\ [eV]$）、アモルファスSi（$a-Si$、$E_G=1.7\ [eV]$）を図中にプロットします。実際の太陽電池に使用されている半導体はSi結晶と多結晶であるアモルファスSiに代表されます。理論限界変換効率曲線は、エネルギーギャップ$E_G=1.4\ [eV]$付近で最大値30%をとります。

　市販の太陽電池モジュールを写真9−1に示します。

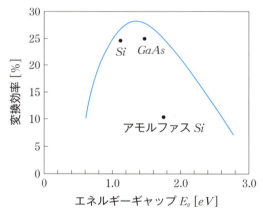

図9−11　半導体のエネルギーギャップと変換効率の関係

写真9−1　折り畳み式太陽電池モジュール（$70W$）

9－1－4　フォトトランジスタ

フォトトランジスタ（$PhotoTransistor$）は、トランジスタのベース領域を浮遊し、コレクタ領域から光を入射させる構造の光デバイスです。図記号を図9－12に示します。ベースがなくコレクタとエミッタの2端子素子になります。フォトトランジスタの等価回路を図9－13に示します。フォトダイオードとnpnトランジスタを組み合わせた構成になります。受光部はコレクタ・ベース接合が使われます。すなわち、npnトランジスタのコレクタ・ベースのpn接合がフォトダイオードとして働き、このpn接合に光が入射するとフォトダイオードのように光電流I_{C0}が生成されnpnトランジスタに電流が供給されます。通常のトランジスタのベース電流と同じ働きをします。その結果、光電流I_{C0}がnpnトランジスタで増幅されてコレクタ電流が流れるようになります。

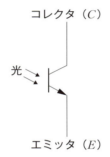

図9－12　フォトトランジスタの図記号

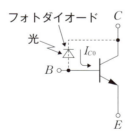

図9－13　フォトトランジスタの等価回路

フォトトランジスタの基本原理をエネルギーバンド図で説明します。

フォトトランジスタは、エミッタにマイナス、コレクタにプラスのバイアスを加えて使用します（図9－14）。このとき、コレクタ（n形）・ベース（p形）間には逆バイアスが加わるのでコレクタ・ベース間には電流はほとんど流れませ

ん。

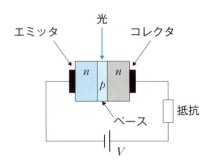

図9-14 フォトトランジスタのコレクタ・エミッタ間に順バイアスを加える

　コレクタ・ベース接合（pn接合）に光が照射されると電子・正孔対が生成されます（図9-15（a））。生成された電子と正孔は接合部に拡散し、接合部の電界により電子はコレクタ側（n領域）に、正孔はベース側（p領域）にドリフトされます。その結果、正孔はベースに収集され、電子はコレクタに移動していきます。ベースに正の電荷をもつ正孔がたまると、ベース（p領域）・エミッタ（n領域）間の接合は順バイアスされたようになり、エミッタの電子がベースに拡散して入り込んできます。ベースに流入してきた電子はコレクタ側の電界に引かれてコレクタに向かって流れるようになります（ここまで図9-15（b））。

　すなわち、光の照射により電子・正孔対の発生がトリガになりベースからコレクタに電子が流れ込むようになります。また、電子・正孔対の電子だけでなくエミッタからの電子の流れも加わるので、結果として大きな電流が流れることになります。すなわち、電子・正孔対の発生がトリガとなってトランジスタの増幅作用が加わりコレクタに大きな電流が流れることを意味します。

　フォトトランジスタのコレクタ電流I_Cは、npnトランジスタの増幅率をh_{FE}をとすると、

$$I_C = h_{FE} \times I_{CO} \tag{9-5}$$

となります。コレクタ・ベース間の光電流I_{CO}がh_{FE}倍された電流になります。通常、フォトトランジスタのh_{FE}は500～1000程度の大きな値です。

第9章 その他の半導体デバイス

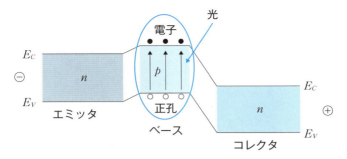

(a) 光の照射により電子・正孔対が生成される

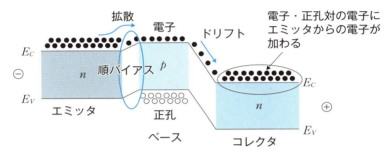

(b) 電子・正孔対に加えてエミッタからも電子が拡散・注入していく

図9-15 フォトトランジスタの動作原理

　次に、フォトダイオードの電圧—電流特性について説明します。フォトダイオードを使用する基本回路と電圧—電流特性を図9-16、図9-17に示します。この特性は、トランジスタの出力特性[※注]におけるパラメータであるベース電流 I_B が照度 E_V に代わった特性とみなすことができます。

　電源電圧 $V_{CC}=8\,[V]$ とし、照度 $E_V=1000\,[lx]$（単位 lx はルクスと発音、照明によって照らされる面の明るさを表現）の特性に、$\dfrac{V_{CC}}{R_L}=3\,[mA]$ になるように抵抗 R_L を選定して負荷線を引くとすると、動作点 P から出力電圧 $V_O=4\,[V]$ のときの光電流は $I_C=1.5\,[mA]$ となります。

※注：第5章の図5-15、図7-1を参照。

9-1 光起電効果を応用した光デバイス

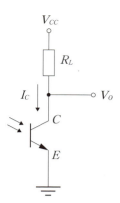

図9-16　フォトダイオードの使用基本回路

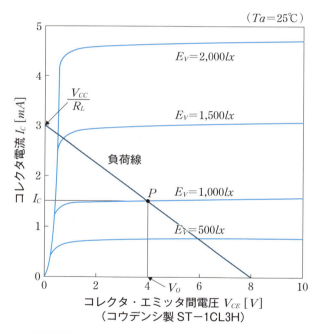

図9-17　フォトトランジスタの電圧─電流特性

9-2 光導電効果を応用した光デバイス

光導電効果を応用した光デバイスとして、CdS（シー・ディー・エスと発音、半導体材料である硫化カドミウムの略）セルがあります。光導電効果と CdS セルについて説明します。

9-2-1 光導電効果

半導体に光を照射するとキャリアが発生し、このキャリアの増加により導電率が増加します。この現象を光導電効果といいます。

n 形（または p 形）半導体に直流バイアスを加えた状態で、光を照射すると光電流が流れます。n 形半導体の場合のエネルギーバンド図とデバイスの模式図を図9-18に示します。

一定の強さの光が連続的に照射され、光の照射によって単位体積、単位時間に生成される電子・正孔対の数（発生率）を g とすると、発生率 g と再結合度 $\dfrac{\Delta n}{\tau}$（τ は寿命）とが平衡しており、$\Delta n = g\tau$ となります。

したがって、光の照射によって生じる導電率の増加分 $\Delta \sigma$ は

$$\Delta \sigma = qg\tau\mu \tag{9-6}$$

となります※注。

図9-18の(b)に示すように、電極間隔を L、断面積を S、印加電圧を V、電界の強さ $E\left(=\dfrac{V}{L}\right)$ をとると、光が照射されたときの電流の増加 I_L は

$$\begin{aligned} I_L &= \Delta \sigma ES \\ &= qg\tau\mu \cdot ES \\ &= qNG \end{aligned} \tag{9-7}$$

となります。ここで、

$$N = gLS : 光導電体全体で単位時間に発生するキャリア数 \tag{9-8}$$

$$G = \frac{\tau\mu E}{L} : 利得係数 \tag{9-9}$$

です。G は、光照射によって発生したキャリアが光電流になる割合を示す量で、利得係数と呼ばれています。効率の良い半導体では $G = 10^4 \sim 10^6$ にもなります。

※注：導電率については第2章の式（2-10）を参照。

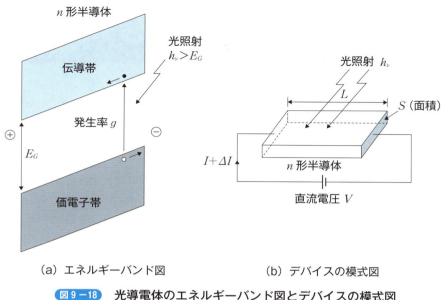

(a) エネルギーバンド図　　　　(b) デバイスの模式図

図9-18　光導電体のエネルギーバンド図とデバイスの模式図

9－2－2　CdS

　光導電効果を利用して光電変換をおこなわせる素子を光電セルといいます。使用されている光導電材料を表9－1に示します。
　現在、使用されている光電セルは、可視光対応の CdS と赤外線対応の PbS（硫化鉛）です。光電セルの等価回路（図記号）と CdS セルの構造を図9－19に示します。CdS の分光特性を図9－20に、照度特性の例を図9－21に示します。横軸の照度と縦軸の抵抗値は変化の幅が大きいので対数で表示されています。照度特性から光の照度が大きくなると CdS の抵抗値は大きく減少することがわかります。

表9-1 光導電材料の諸特性

材料	最高感度波長 λ_{max} [μm]	使用温度 [K]
CdS	0.55〜0.7	300
$CdSe$	0.72	300
Se	0.46	300
Si	0.9	300
Ge	1.5	300
PbS	2.8	300
$PbSe$	4.0	300
$InSb$	5.2	77
$MCT\ (HgCdTe)$	〜13.0	77
$Ge-Zn$	37.0	4

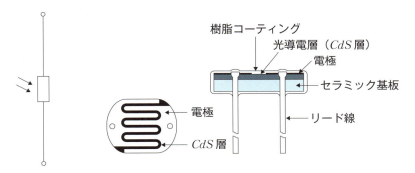

(a) 光電セルの等価回路　　(b) CdS セルの構造

図9-19　光電セルの等価回路と CdS セルの構造

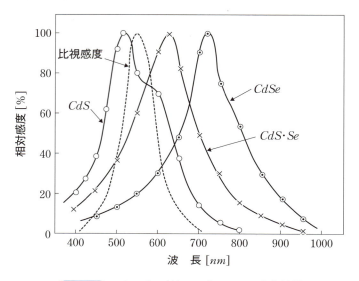

図9-20 CdS とバリエーションの分光特性

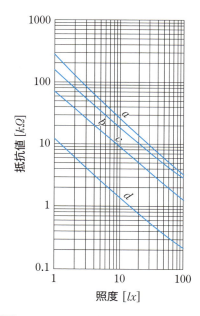

図9-21 CdS の照度特性（a、b、c、d は仮称）

CdSの照度特性（両対数表示）の傾きは**γ特性**といわれています。**γ値**は、照度特性を直線とみなしたとき、任意の2点間を結ぶ直線の正接（$tan\ \theta$）で与えられます（図9-22）。照度 $a\ [lx]$、$b\ [lx]$ における抵抗値を $R_a\ [\Omega]$、$R_b\ [\Omega]$ とすると、γ値は次式で与えられます。γ値は CdS セルに固有の定数で、メーカ、型式により異なります。

$$\gamma = tan\ \theta = \frac{log\ (R_a/R_b)}{log\ (b/a)} \qquad (9-10)$$

また、$10\ [lx]$ の抵抗値 R_{10} とγ値が与えられていれば任意の照度 $L\ [lx]$ における抵抗値は次式で求めることができます。

$$R = R_{10}\left(\frac{L}{10}\right)^{-\gamma} \qquad (9-11)$$

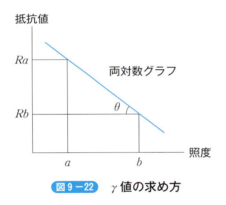

図9-22 γ値の求め方

[例題9-2]

CdS（浜松フォトニクス製 $P722-7R$、γ値：0.7）の照度特性の測定をした。測定結果を表9-2に示す。式（9-11）を用いて抵抗値 R を計算し、両対数グラフに実験値とともにプロットして比較しなさい。ただし、R_{10} は測定値の $1.379\ [k\Omega]$ を使用する。

9-2 光導電効果を応用した光デバイス

表9-2 CdS の照度特性の測定値

照度 [lx]	抵抗値 [$k\Omega$]	
	実測値	計算値
1	9	
2	4.5	
3	3.26	
4	2.639	
5	2.163	
6	1.893	
7	1.736	
8	1.576	
9	1.485	
10	1.379	
20	0.883	
30	0.703	
40	0.606	
50	0.537	
60	0.487	
70	0.453	
80	0.418	
90	0.395	
100	0.379	

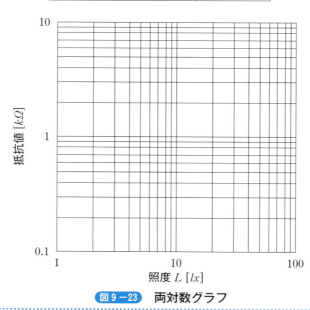

図9-23 両対数グラフ

［解答］

式（9 − 11）を用いた計算値を表 9 − 3 に示します。γ 値は題意の 0.7 を使用します。測定値と計算値を両対数グラフにプロットした例を図 9 − 24 に示します。測定値と計算値は大略近似した結果が得られます。

表 9 − 3 CdS の照度特性の計算値

照度 [lx]	抵抗値 [$k\Omega$]	
	実測値	計算値
1	9	6.911
2	4.5	4.254
3	3.26	3.203
4	2.639	2.619
5	2.163	2.240
6	1.893	1.972
7	1.736	1.770
8	1.576	1.612
9	1.485	1.485
10	1.379	1.379
20	0.883	0.849
30	0.703	0.639
40	0.606	0.523
50	0.537	0.447
60	0.487	0.393
70	0.453	0.353
80	0.418	0.322
90	0.395	0.296
100	0.379	0.275

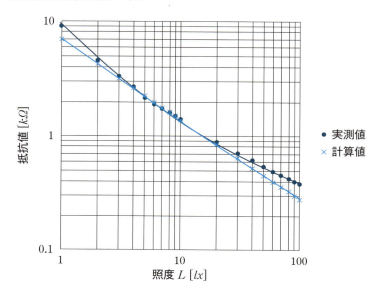

図9−24 CdS の照度特性の測定値と計算値の比較

答：表9−3　図9−24

9-3 半導体温度デバイス

半導体温度デバイスは、温度センサとして使用されています。代表的なものにサーミスタ、IC 温度センサ、赤外線センサなどがあります。

9-3-1 サーミスタ

サーミスタ（Thermistor）は、ニッケル、コバルト、マンガンなどの化合物からなるセラミック系半導体で形成された半導体温度デバイスです。サーミスタには温度係数の異なる 3 種類のタイプがあります（図 9-25）。温度上昇により抵抗値が減少する NTC（Negative Temperature Coefficient）、温度上昇により抵抗値が増大する PTC（Positive Temperature Coefficient）、ある温度で抵抗値が急変する CTR（Critical Temperature Resister）です。一般に、サーミスタという場合は NTC サーミスタを指します。本節では NTC サーミスタについて説明します。

サーミスタの図記号は可変抵抗と同じです※注。基本的な接続回路を図 9-26 に示します。同図 (a) は外部抵抗とサーミスタを直列接続して抵抗分圧する方法です。抵抗分圧法といいます。同図 (b) は、ブリッジ回路の一辺にサーミスタを挿入する方法で、ブリッジ回路法といいます。いずれの場合もサーミスタの非線形の抵抗変化を出力側の電圧信号を直線化するための回路方式で、総称して、電圧モードリニアライズといいます。

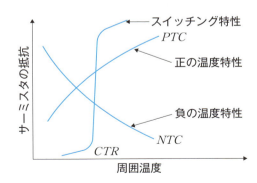

図 9-25　サーミスタの温度特性のバリエーション

※注：サーミスタの図記号は付録の表 D-1 を参照。

9-3 半導体温度デバイス

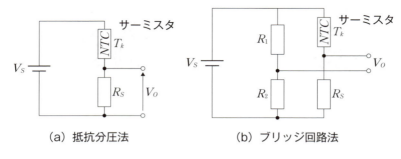

(a) 抵抗分圧法　　　　(b) ブリッジ回路法

図9-26 電圧モードリニアライズ

　図9-26(a)の場合は、電源電圧をV_S、サーミスタの抵抗をT_h、外付け抵抗をR_Sとすると出力電圧V_Oは

$$V_O = \frac{R_S}{T_h + R_S} \tag{9-12}$$

となります。

　また、図9-26(b)の場合は、電源電圧をV_S、サーミスタの抵抗をT_h、外付け抵抗をR_S、R_1、R_2とすると出力電圧V_Oは

$$V_O = \left(\frac{R_S}{T_h + R_S} - \frac{R_2}{R_1 + R_2} \right) \tag{9-13}$$

となります。

　サーミスタの抵抗値は次の実験式から計算することができます。

$$R = R_{25}\, exp\left\{ B\left(\frac{1}{t+273} - \frac{1}{t_{25}+273} \right) \right\} \tag{9-14}$$

ここで、R：温度$t[℃]$における抵抗値$[\Omega]$、R_{25}：温度$t=25[℃]$における抵抗値$[\Omega]$、B：サーミスタ固有の定数（B定数）です。

　また、B定数は次式から求めることができます。

$$B = \frac{\ln R_1 - \ln R_2}{1/T_1 - 1/T_2} \tag{9-15}$$

ここで、R_1、R_2はそれぞれ絶対温度T_1、T_2のときの抵抗値です。

[例題 9 － 3]

NTC サーミスタ（石塚電子製202$AT-1$、使用温度範囲：-50℃〜90℃、B定数：3182、$R_{25}=2\,[k\Omega]$）の温度特性の測定をした。測定結果を表9－4、図9－27に示す。式（9－15）を用いてB定数を求め、メーカ値と比較しなさい。

表9－4　サーミスタの温度特性の測定値

温度（℃）	抵抗値 $[k\Omega]$
30	1.799
40	1.307
50	0.969
60	0.736
70	0.570
80	0.448

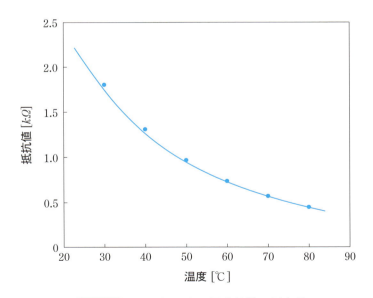

図9－27　サーミスタの温度特性の測定値

[解答]

式（9－14）の温度範囲を $t_1=30$ [℃]（$T_1=30+273=303$ [K]）、$t_2=80$ [℃]（$T_1=80+273=353$ [K]）とします。

抵抗 R_1 と R_2 について、自然対数の計算をします。

$In\ R_1=In\ (1.799)=0.587$

$In\ R_2=In\ (0.448)=-0.803$

したがって、B 定数は

$$B=\frac{In\ R_1-In\ R_2}{1/T_1-1/T_2}=\frac{0.587-(-0.803)}{\dfrac{1}{303}-\dfrac{1}{353}}=\frac{1.39}{4.675\times10^{-4}}=2973$$

が得られます。大略、メーカ値（$B=3182$）に近い値が得られます。

<u>答：$B=2973$</u>

9－3－2　IC 温度センサ

IC 温度センサは、トランジスタのベース・エミッタ間の順方向電圧が温度によって変化する[※注]ことを利用して温度検出ができるようにした半導体温度デバイスです。

IC 温度センサの内部回路を図 9－28に示します。1チップ上に形成されたトランジスタ $Q1$ と $Q2$ の**ベース・エミッタ間電圧** V_{BE1} と V_{BE2} の差を検出して抵抗 R の端子電圧 V_T から温度を測定します。温度変化に対してリニアな出力電圧が得られるようにした温度センサです（図 9－29）。汎用の IC 温度センサは、測定温度範囲が 0℃～100℃で、出力電圧は 1℃に対して $10mV$ が得られます。

※注：ベース・エミッタ間の電圧―電流特性が温度によって変化することを示した第 6 章図 6－4 を参照。

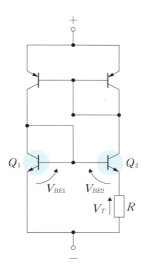

図9−28 IC 温度センサの内部回路

9-3 半導体温度デバイス

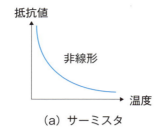

（a）サーミスタ

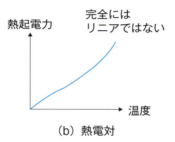

（b）熱電対

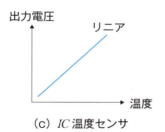

（c）IC 温度センサ

図 9－29 各温度センサの温度特性の差異

9-4 磁電素子

磁電素子には、ホール素子と磁気抵抗素子があります。前者はホール効果を応用した半導体デバイスで、後者は磁気抵抗効果を応用した半導体デバイスです。

9-4-1 ホール効果とホール素子

半導体材料に電流を流し、これに直角方向に磁界をかけると、電流と磁界の双方に対し直角方向に電圧が発生します（図9-30）。これをホール効果といいます。ホール素子がp形のときは、フレーミングの左手の法則により、正孔が上向きに力を受けて、a面がプラス（＋）に、b面がマイナス（－）に帯電します。ホール素子がn形のときは、電子が上向きに力を受けて、a面がマイナス（－）に、b面がプラス（＋）に帯電します。磁界中の正孔や電子に働く力をローレンツ力といいます。

このようにしてa面とb面の間に電圧を誘起します。この電圧をホール電圧といいます。

発生するホール電圧は、次式で与えられます。

$$V_H = \frac{R_H}{d} \times I \times B \qquad (9-16)$$

ここで、R_Hはホール係数、dは半導体の厚みです。また、$\frac{R_H}{d}$を積感度といい、$K = \frac{R_H}{d}$で表します。積感度は、電流1 $[mA]$、磁界$B = 1\,[kG]$（Gは磁気の単位で、ガウスと発音）のときのホール電圧を意味します。また、ホール素子に流す電流Iを制御電流といいます。

ホール素子に使用される半導体材料の物理定数を表9-5に示します。ガリウムひ素$GaAs$、インジウムひ素$InAs$、インジウムアンチモン$InSb$がよく使われています。

近年、ホール素子の応用がひろがり、集積回路の技術が結びついて機能素子として需要が高まっています。代表例として、ハードディスクに使用されている磁気記録再生ヘッド、デジタル回転計、トルク計などがあります。磁気記録再生ヘッドの応用例を図9-31に示します。

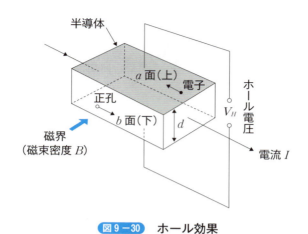

図9-30 ホール効果

表9-5 ホール素子用材料の物理定数

材 料	電子移動度 $\mu_n\,[cm^2/(V\cdot s)]$	抵抗率 $\rho\,[\Omega\cdot cm]$	電子密度 $n\,[cm^{-3}]$	ホール定数 $R_H\,[cm^3/C]$
Si	1300	4.5	1×10^{15}	7000
Ge	3600	5.0	3.5×10^{14}	21000
$GaAs$	6800	9.2	1×10^{14}	62000
$InAs$	35000	0.1	1.7×10^{15}	3700
$InSb$	75000	0.005	2×10^{16}	380

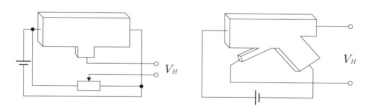

図9-31 磁気記録再生ヘッド用ホール素子の形状

9−4−2 磁気抵抗効果と磁気抵抗素子

　磁界による抵抗の変化を利用する素子を磁気抵抗素子といいます。磁気抵抗素子に電流を流すと、磁界がない場合は、電流は電極間をまっすぐに流れます（図9−32（a））。磁気抵抗素子に磁界を加えると、フレーミングの左手の法則によるローレンツ力が働き電流の向きが同図（b）のように傾きます。傾きθをホール角といいます。このとき電流のパス（経路）は磁界がない場合に比べて長くなり、結果として抵抗が増えることになります。このような効果を磁気抵抗効果といいます。磁気抵抗素子の材料としては、移動度の大きいインジウムアンチモン $InSb$、インジウムひ素 $InAs$ が使用されます。

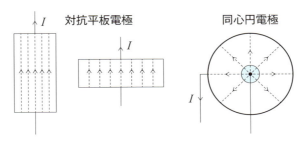

(a) 磁界がない場合

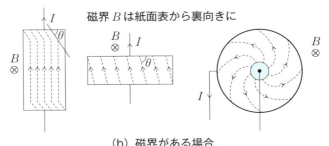

(b) 磁界がある場合

図9−32 磁気抵抗効果

　磁気抵抗素子は形状によって抵抗の変化率が異なってきます。

　素子の幅 W が長さ L に対して短い場合 $\left(\dfrac{W}{L}<1\right)$ を図9−33に示します。電極付近では、流入した電流と流出した電流はローレンツ力を受けて傾きますが、素子内部では、電流はまっすぐ流れてしまい、大きな抵抗変化率は期待できません。このような素子の形状によって抵抗の変化率が異なること形状効果といいま

す。形状と磁気抵抗特性の関係を図9-34に示します。図の横軸は磁界の強さB $[Wb/m^2]$を、縦軸は磁界がない場合の抵抗R_0と磁界がある場合の抵抗R_Bとの比$\frac{R_B}{R_0}$を表しています。

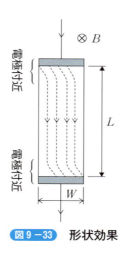

図9-33 形状効果

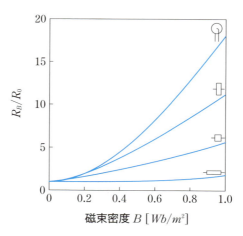

図9-34 形状と磁気抵抗効果の関係

磁気抵抗素子の応用例としては、磁気計測器やハードディスクの磁気ヘッド、最も得意とする用途は、磁気印刷された紙幣の磁気印刷パターンの読み取りです。現在、世界各国の紙幣はほとんどが磁気印刷されたものです。

9−5 圧電素子

半導体に機械的応力を加えると、半導体の電気的性質が変化します。この変化を圧電効果といいます。

9−5−1 ピエゾ抵抗効果

圧電効果には次の2種類があります。
・ピエゾ抵抗効果
応力を加えると電気抵抗が変化する。
・圧電効果
応力と電界を加えると半導体の表面に電荷が発生する。

本節では、よく利用されているピエゾ抵抗効果について説明します。
一般に長さ L [cm]、断面積 A [cm^2] の金属の抵抗は

$$R = \rho \frac{L}{A} [\Omega] \tag{9-17}$$

で与えられます（図9−35）。この式で ρ は抵抗率 [$\Omega \cdot cm$] または固有抵抗といいます。比抵抗ともいいます。金属固有の値です。

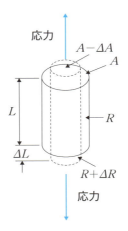

図9−35 ピエゾ抵抗効果

9-5 圧電素子

　金属線を図9-35のように引っ張ったときに、抵抗率が$\rho + \Delta \rho$、長さが$L + \Delta L$、断面積が$A + \Delta A$に変化したとします。

　このときの抵抗の変化率$\dfrac{\Delta R}{R}$は

$$\frac{\Delta R}{R} = \frac{\Delta \rho}{\rho} + \frac{\Delta L}{L} - \frac{\Delta A}{A} \qquad (9-18)$$

となります。ここで、右辺第1項の$\dfrac{\Delta \rho}{\rho}$は金属の場合は無視できます。また、伸びと直角方向の幅の変化による断面積減少との間には、次の**ポアソン比**σで定まる関係があります。

$$\frac{\Delta A}{A} = -2\sigma \frac{\Delta L}{L} \qquad (9-19)$$

$$\frac{\Delta R}{R} = (1 + 2\sigma) \frac{\Delta L}{L} \qquad (9-20)$$

ここで、定数$(1 + 2\sigma)$をKとおくと、式(9-20)は

$$\frac{\Delta R}{R} = K \frac{\Delta L}{L} \qquad (9-21)$$

となります。これを**ピエゾ抵抗効果**といいます。

　この式で、金属線が伸びる(ΔLが大きくなる)と抵抗(ΔR)が増加することがわかります。$\dfrac{\Delta L}{L} = \varepsilon$のことを**ひずみ**または**ひずみ量**といいます。また、抵抗の変化率$\dfrac{\Delta R}{R}$とひずみ$\dfrac{\Delta L}{L}$の比Kを**ひずみ感度**といいます。Kの値は金属の場合は2～3で、Si半導体の場合は100以上の大きな値をとります。

　また、抵抗の変化率$\dfrac{\Delta R}{R}$とひずみ$\dfrac{\Delta L}{L}$の積を**ゲージ率**Gといいます。

$$\begin{aligned} G &= \frac{\Delta R}{R} \cdot \frac{\Delta L}{L} \\ &= 1 + 2\sigma + \pi Y \end{aligned} \qquad (9-22)$$

ここで、πはピエゾ抵抗係数、Yはヤング率です。

　半導体では、抵抗率ρの変化が大きく、外形の変化は無視できるので、式(9-22)は次式のように近似することができます。

$$G \fallingdotseq \pi Y \qquad (9-23)$$

　主な半導体の抵抗率、ゲージ率、ピエゾ抵抗係数の値をまとめたものを表9-6に示します。また、SiとGeのヤング率を表9-7に示します。SiとGeのポ

アソン比は0.28です。

9－5－2　半導体ストレンゲージ

機械量であるひずみを電気抵抗の変化に変換する方法に、ストレンゲージ（またはひずみゲージ）があります。半導体で構成されたものは半導体ストレンゲージといいます。ストレンゲージの感度を表すのがゲージ率 G です。ゲージ率の値が大きいほど検出感度が上がります。

半導体ストレンゲージを使用した圧力センサには、バルク型半導体式圧力センサと拡散型半導体式圧力センサの2種類があります。前者の圧力センサは、ダイヤフラム貼り付け型圧力センサといわれるもので、センサとなる半導体ストレンゲージを受圧ダイヤフラムというフレキシブルな薄片に貼り付けた方式のものです（図9－36）。圧力を加えるとダイヤフラムがたわみ、これによりストレンゲージがひずみ、その結果抵抗が変化します。抵抗の変化を電気的な変化として取り出します。

表9－6　各種半導体のピエゾ抵抗特性

素材	伝導形	結晶方向	抵抗率 (ρ) $[\Omega \cdot cm]$	ピエゾ抵抗係数 (π)$[cm^2/dyn]$	ゲージ率 (G)
Si（シリコン）	P	[100]	2	6.5×10^{-12}	10
		[110]	2	7.1×10^{-11}	123
		[111]	2	9.3×10^{-11}	177
		[111]	7.8	9.2×10^{-11}	175
	N	[100]	2	-1.02×10^{-10}	-132
		[100]	11.7	-1.00×10^{-10}	-133
		[110]	2	-6.3×10^{-11}	-104
		[111]	2	-8×10^{-12}	-13
Ge（ゲルマニウム）	P	[100]	1	-6×10^{-12}	-5
		[110]	1	-4.7×10^{-11}	67
		[111]	1	-6.5×10^{-11}	104
		[111]	15	-6.4×10^{-11}	102
	N	[100]	1	-3×10^{-12}	-3
		[110]	1	-7.2×10^{-11}	-97
		[111]	1	-9.5×10^{-11}	-147
		[111]	16.6	-1.0×10^{-10}	-157
$InSb$（インジウム・アンチモン）	P	[111]	0.01	—	30
	N	[100]	0.013	—	-74.5
TiO_2（酸化チタン）		[100]	0.25	—	15

9-5 圧電素子

　後者の半導体式圧力センサは、受圧ダイヤフラムそのものも半導体で形成し、その表面にセンサ部である半導体ストレンゲージを一体で形成した構造のものです。動作原理はバルク型半導体式圧力センサと同じです。

表9-7　Si と Ge のヤング率

素材	ヤング率 $[dyn/cm^2]$		
	〔100〕	〔110〕	〔111〕
Si	1.30×10^{12}	1.67×10^{12}	1.87×10^{12}
Ge	1.04×10^{12}	1.38×10^{12}	1.55×10^{12}

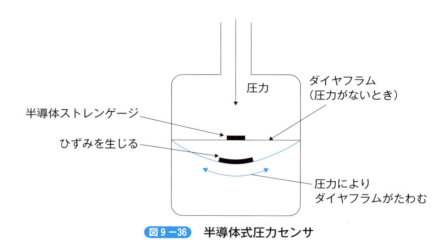

図9-36　半導体式圧力センサ

[例題9-4]

金属棒に同じ種類の半導体ストレンゲージを4個貼り付けて、4個のストレンゲージをブリッジ回路になるように接続した（図9-37）。金属棒を伸ばしたときの圧力変化を電圧の変化として測定したい。はじめに、圧力が加わらないときの出力電圧 V_O の式を求めなさい。ただし、圧力が加わらないときのストレンゲージの抵抗を $R (=R_1=R_2=R_3=R_4)$ とする。次に、圧力が加わり半導体ストレンゲージの抵抗が ΔR 変化したときの出力電圧の変化の式を求めなさい。

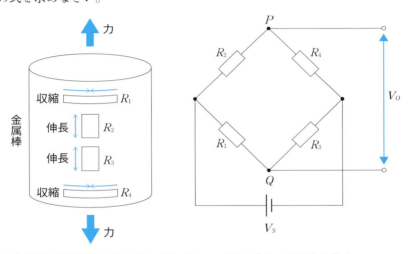

(a) 金属棒に貼り付けたストレンゲージ　　(b) ブリッジ回路の構成

図9-37　ロードセルの構成

[解答]

ブリッジ回路の P 点の電圧 V_P は、電源電圧を V_S とすると

$$V_P = \frac{R_4}{R_2+R_4} V_S \tag{9-24}$$

とまります。同様に、Q 点の電圧 V_Q は

$$V_Q = \frac{R_3}{R_1+R_3} V_S \tag{9-25}$$

となります。したがって、出力電圧 V_O は

$$V_O = V_P - V_Q$$
$$= \frac{R_4}{R_2+R_4} V_S - \frac{R_3}{R_1+R_3} V_S$$

$$= \left(\frac{R_4}{R_2+R_4} - \frac{R_3}{R_1+R_3} \right) V_S \qquad (9-26)$$

となります。

ここで、$R(=R_1=R_2=R_3=R_4)$ であるので、式 (9-26) は

$$V_O = \left(\frac{R_4}{R_2+R_4} - \frac{R_3}{R_1+R_3} \right) V_S$$

$$= \left(\frac{R}{2R} - \frac{R}{2R} \right) V_S$$

$$= \left(\frac{1}{2} - \frac{1}{2} \right) V_S$$

$$= 0$$

となります。圧力が加わらないときは、出力電圧は 0 になります。

次に、金属棒に伸ばす圧力が加わるとします。

このときストロンゲージ R_1 と R_4 は収縮し、R_2 と R_3 は伸長します。式 (9-21) から R_1 と R_4 は抵抗が小さくなり、R_2 と R_3 は抵抗が大きくなります。これらの抵抗の変化分を $\Delta R_1 = \Delta R_2 = \Delta R_3 = \Delta R_4 = \Delta R$ とすると、式 (9-26) は

$$V_O = \left(\frac{R_4 - \Delta R_4}{R_2 + \Delta R_2 + R_4 - \Delta R_4} - \frac{R_3 + \Delta R_3}{R_1 - \Delta R_1 + R_3 + \Delta R_3} \right) V_S$$

$$= \left(\frac{R - \Delta R}{2R} - \frac{R - \Delta R}{2R} \right) V_S$$

$$= \frac{-2\Delta R}{2R}$$

$$= -\frac{\Delta R}{R}$$

となります。

ここで、金属棒を押した場合には、出力電圧の変化は、$\Delta V_O = \frac{\Delta R}{R}$ となります。

答:$V_O = \left(\dfrac{R_4}{R_2+R_4} - \dfrac{R_3}{R_1+R_3} \right) V_S \quad \Delta V_O = -\dfrac{\Delta R}{R}$

9-6 LEDの原理とLEDデバイス

　発光ダイオード（略称 *LED*）の発光原理と *LED* デバイスについて説明します。*LED* の発光メカニズムは半導体のエネルギーバンド図で説明できます。*p* 形半導体と *n* 形半導体の接合部である *pn* 接合部における電子と正孔の再結合によって *LED* は発光します。これらについてエネルギーバンド図を用いて説明します。また、*LED* デバイスは砲弾型 *LED* とチップ型 *LED* の2種類がありますが、これらに用いられているデバイス構成について説明します。

9-6-1　LEDの発光メカニズム

　発光ダイオードは別名 *LED* といいます。*Light Emitting Diode* の略です。*LED* のバンド図を図9-38に示します。*p* 形半導体の多数キャリアは正の電荷をもつ正孔で、少数キャリアは電子です。*n* 形の半導体の多数キャリアは負の電荷をもつ電子で、少数キャリアは正孔です。図中には多数キャリアである価電子帯の正孔と伝導帯の電子のみを記載しています。

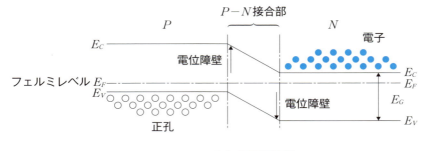

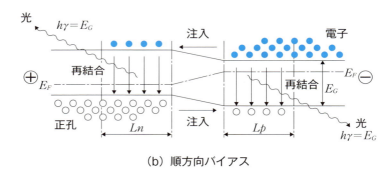

(b) 順方向バイアス

図9−38 LEDのバンド構造

　同図 (a) は、電圧を印加しない熱平衡状態のバンド図で、p 形半導体の正孔と n 形半導体の電子は熱平衡状態にあるので移動することはありません。バンド図で説明すると、多数キャリアによる拡散による電流と拡散電位差によるドリフト電流が平衡しているためです。(第3章3−2節「pn 接合の整流特性」を参照)。すなわち、別の言い方をすれば、熱平衡状態においては、pn 接合部に正孔と電子が越えることができない電位障壁（拡散電位）が存在し、これが多数キャリアである正孔と電子の移動を妨げています。

　同図 (b) は順方向に電圧を印加した状態のバンド図です。

　半導体の pn 接合に順方向に電圧を印加した状態です。pn 接合の順バイアスになります。順方向に電圧を印加すると pn 接合部の電位障壁が低くなり、多数キャリアである正孔と電子が移動することができるようになります。すなわち、p 領域の正孔が n 領域に、n 領域の電子が p 領域に流入していきます。このことを少数キャリアの注入現象といいます。図中の L_p、L_n はそれぞれ正孔と電子が流入した距離（これを拡散距離という）を示しています。このようにして注入した

正孔と電子は反対の電荷をもつ多数キャリアと再結合します。この再結合時の遷移に相当するエネルギーが光として放出されることになります。これが LED の発光のメカニズムです。

この発光メカニズムについてもう少し詳しく説明します。9－1節の光起電効果（電子・正孔対が発生するための条件）の場合の逆のメカニズムになります。

電子と正孔が再結合するためには、電子と正孔がエネルギーギャップ E_G を超えるエネルギーがもらう必要があります。すなわち、エネルギーギャップ E_G に相当するエネルギーを電子と正孔に与える必要があります。波長 λ の逆数である振動数を γ として、プランク定数 h（$6.625\times 10^{-34} J\cdot s$）を与えると、$h\gamma$ のエネルギーをもつ光の発光を得るためには、少なくとも

$$h\gamma = E_G$$

でなければなりません。

また、波長 λ とエネルギーギャップ E_G との間には

$$\lambda = \frac{1243}{E_G}$$

の関係があります。

pn 接合に順方向電圧を加えることで、pn 接合部の電位障壁を下げて、電子と正孔が遷移し、遷移した電子と正孔がエネルギーギャップ E_G に相当するエネルギーをもらい、それぞれ反対の電荷をもつ多数キャリアと再結合し、そのときに失ったエネルギーが $h\gamma$ というエネルギーの光を放ちます。

9－6－2　直接遷移と間接遷移

LED の設計に必要な直接遷移形と間接遷移形の光学的遷移の違いについて説明します。図9－39のバンド図を見てください。図9－38のように電子と正孔、エネルギーギャップ E_G を模式的に表現した表示法（r－表示という）と、運動量 k を横軸に、エネルギー E を縦軸に表した表示法（k－表示という）を同時に表したものです。

9-6 LEDの原理とLEDデバイス

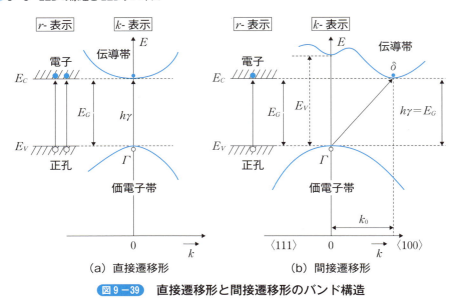

図9-39　直接遷移形と間接遷移形のバンド構造

　同図（a）は直接遷移形のエネルギーバンド図です。価電子帯の上端と伝導帯の下端とが運動量$k=0$のΓ点で一致しています。すなわち、価電子帯と伝導帯の遷移が禁止されている禁制帯幅の最小となるところは$k=0$での禁制帯E_Gと一致します。運動量kの変化は必要ありません。直接遷移形はこのようなバンド構造をしています。

　直接遷移形半導体に光を照射します。光の波長を長波長側から短波長側へと変えていくと、$h\gamma=E_G$のところで急に光吸収が始まります。半導体内で光が吸収されるということは、価電子帯の電子が伝導帯へ励起されることを意味します。すなわち、電子と正孔が直接再結合して光を放射することを意味します。運動量Kの変化が必要ないため高い発光効率が得られます。再結合のエネルギーは光の光子の形で放出されます。これを放射再結合または発光再結合と呼んでいます。

　このような特徴をもつバンド構造を<u>直接遷移形</u>といい、高効率の発光をもたせるLED設計の必要条件になっています。直接遷移形の半導体材料を表9-7に示します。禁制帯幅が大きいほど発光波長は短くなり、発光効率は低くなります。また、表には、参考値として、視感度を示しています。光に対する目の感度を視感度といいます。光はある方向に放射された放射エネルギーが一定であっても、人間の目は波長によって感じ方が異なります。これを視感度といいます。人間の目には、明るさを感じる官機能が二つあります。明るいところで作用する機

能と、暗いところで作用する機能があり、この二つの機能を切り替えて、昼と夜の明るさの違いに対応させています。図9-40は光の波長と視感度の関係を表したもので、波長555nm（緑色）のところが最大視感度（683lm/W）を示します。波長555nmを基準に、相対的に表された視感度を比視感度（図9-41）といいます。

表9-7 直接遷移形の半導体材料

材料	禁制帯幅 (eV)	発光色	発光波長 (nm)	発光効率 (%)	視感度 (lm/W)
$Al_{0.28}Ga_{0.72}As$	1.83	赤	695	4	4
$GaAs_{0.6}P_{0.4}$	1.89	赤	660	0.9	41
$In_{0.42}Ga_{0.58}P$	2.00	赤	650	0.06	73
$In_{0.32}Ga_{0.68}P$	2.15	橙	605	0.04	385
GaN	3.5	緑	525	0.01	539
GaN	3.5	青	440	0.005	16
GaN	3.5	紫外	385	―	0

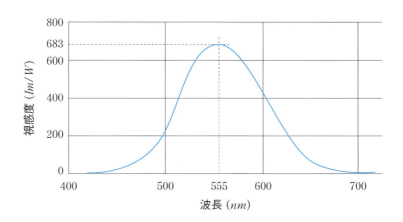

図9-40 光の波長と視感度

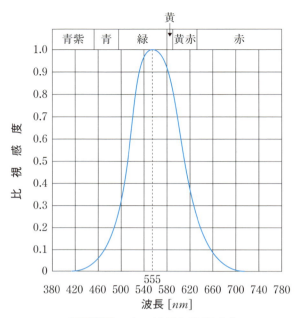

図9-41 光の波長と比視感度

　赤、緑、青色は光の三原色を構成する基本色です。赤色と青色は緑色に比べると視感度は約半分に低下します。三原色を組み合わせることによりカラーディスプレイが実現できますが、人間の目でみた視感度の色バランスを取ることはディスプレイ設計上では重要になります。

　次に、間接遷移形のバンド図について説明します（図9-39（b））。

　照射する光の波長を変えていくと、光の吸収は $h\gamma = E_G$ のところでありますが、間接遷移形の場合は、価電子帯の電子の遷移は価電子帯の頂上の $\varGamma$ 点より伝導帯の最小点 δ との間で生じます。このような遷移が起こるためには、電子は運動量 k_0 を吸収する必要があり、格子の熱振動（フォノン）がこの役割を果たします。このため電子と正孔が直接再結合することがほとんどありません。再結合は、フォノンや結晶欠陥などを介して行なわれるので、再結合エネルギーは、光子の代わりに、フォノンとして放出されることが多く、光の放出はわずかになってしまいます。このように間接遷移形半導体では格子振動のエネルギーのやり取りが必要になり、電子と正孔の再結合がほとんどないため、LED としての発光効率が低下する要因になります。

　黄色の発光をする $GaAsP$ や黄緑色の発光をする GaP は間接遷移形の LED 材料です。

9-6-3　LED のデバイス構成

代表的な赤色発光 LED のデバイス構成を図 9-42 に示します。この構造は高輝度化のためのダブルヘテロ構造（DH 構造）といわれています。すなわち、発光層である p 形 $Al_{0.35}Ga_{0.65}As$ 活性層（1〜2μm）をそれより屈折率の高い p 形および n 形の $Al_{0.7}Ga_{0.3}As$ クラッド層（数10μm）でサンドイッチした構造で、高輝度発光を実現しています。この構成は、光ファイバと同じ原理で、発光を活性層内に閉じ込めています。すなわち、屈折率の高いクラッド層で挟まれた低屈折率の活性層内部で発光した光は定常波となり、一種の誘導放射を伴って発光を強めています。

アノード電極とカソード電極は上記クラッド層と良好なオーミック接触をもつように蒸着されており、順方向の電圧降下を極力低減化して、結果的に発光効率を上げるようにしています。

赤色 LED チップのカソード電極側から撮影したものを写真 9-2 に示します。

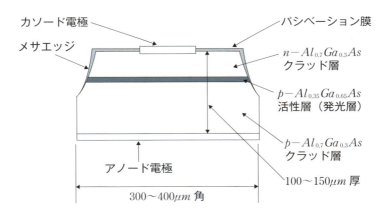

図 9-42　赤色発光 LED のデバイス構造

写真 9-2　赤色 LED チップ（300μm 角）

現在、各種表示用やインフォメーション・ディスプレイに使用されている赤色 LED はほとんどこの構造を採用しています。赤色とともに使用される緑色や黄色の表示用 LED は、活性層の代わりに pn 接合が発光する シングルへテロ構造（図 9 − 43）のものが多く使われています。

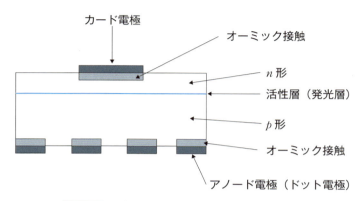

図 9 − 43 表示用 LED のシングルへテロ構造

　LED デバイスの製作法は、デバイスの形状や種類によって多少異なりますが、砲弾型 LED の場合（図 9 − 44）は、LED チップを導電性接着剤である銀ペーストで電極部に装着した後、ワイヤボンディングマシンという専用治具を用いて、LED チップの電極部とリードフレームの先端電極部を金ワイヤ（直径：数 $25\mu m\phi \sim 30\mu m\phi$）で熱融着で配線します（写真 9 − 3）。最後に、砲弾形状のメス型にリードフレームをセットした後、透明樹脂を流し込んで固めて LED として完成します。

第9章　その他の半導体デバイス

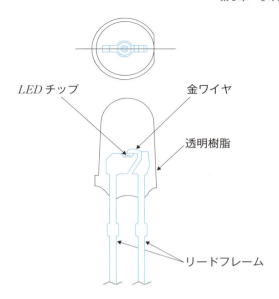

図9-44　砲弾型LEDの構成（上：平面図、下：側面図）

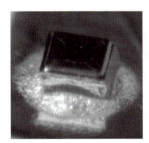
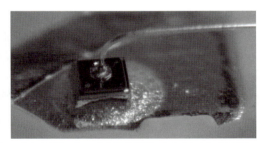

（a）LEDチップを銀ペーストで装着　（b）LEDチップの電極部から金ワイヤを配線

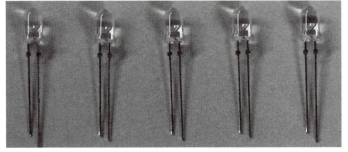

（c）砲弾型LEDの完成

写真9-3　砲弾型LEDの製作例

9－7 半導体式ガスセンサ

一般に、ガスセンサとはガスの成分を選択的に検出するセンサをいいます。ガスセンサには熱式ガスセンサと半導体式ガスセンサがあります。熱式ガスセンサは酸化物半導体表面のガス分子吸着による導電率の変化を検出する方式と、センサ表面で可燃性ガスが酸化して発生する熱の変化を白金線の抵抗増加として検出する接触燃焼式があります。半導体式ガスセンサは酸化物半導体を利用します。

9－7－1 半導体式ガスセンサの原理

酸化物半導体を大気中に置いておくと、酸素が半導体表面に負イオンの状態で吸着されます。この状態で、酸素イオンが還元性の可燃性ガスと結合し、酸化反応を起こします。これにより電子が半導体中に流れ込み導電率が増加し、電気抵抗が低下します。このように半導体式ガスセンサは、酸化物半導体のガス吸着による導電率の変化を利用してガスを検出します。

半導体式ガスセンサの原理イメージを図9－45に示します。

清浄な空気中では、酸化スズの表面に吸着した酸素分子が酸化スズ中の電子を拘束しているので電子は動くことができず、電流を流すことができません（同図(a)）。この状態は、半導体としての酸化スズの導電率は低くなっています。

還元性ガスの雰囲気中では、酸化スズ表面の酸素分子が還元性ガスと反応して除去されるので、酸化スズ中の電子は自由に動き回れるようになり、直流バイアスによって電流が流れるようになります。半導体として導電率が高くなります。

この導電率の変化を外部回路で電圧または電流の変化として検出することができます。

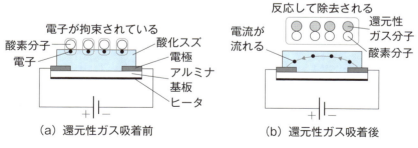

図9－45　半導体式ガスセンサの原理イメージ

酸化物半導体として、酸化スズ（SnO_2）の他に酸化亜鉛（ZnO）などの n 形半導体が使われます。検出できるガスは、エタノール、キシレン、アンモニア、アセトアルデヒド、ホルムアルデヒドなどの臭気ガスおよび香気ガスです。

9－7－2　半導体式ガスセンサの回路構成

半導体式ガスセンサの回路構成を図9－46に示します。酸化スズなどの感ガス素子と内部ヒータ（マイクロヒータといい、アルミナ基板に酸化スズとともに蒸着されている）から構成されています。ヒータ（ヒータ抵抗 R_H）に加える電圧 V_H は、**感ガス素子**を対象ガスに適した特定の温度に保つためにヒータ電流を流すための直流電源です。回路電圧 V_C は素子抵抗 R_S に直列に接続された負荷抵抗 R_L の端子電圧（出力電圧）V_{OUT} を測定するための直流電源です。

ガス分子が感ガス素子の表面に付着すると素子抵抗 R_S が変化します。これにより R_S と R_L の抵抗分圧で得られる出力電圧 V_{OUT} も変化します。ガスの種類によってその変化の割合は異なりますが、以下の**素子抵抗比** η の変化としてはガスがないときは $\eta=1$、ガス雰囲気中では $\eta=0.1$ の範囲で変化します。

ここで、V_H と V_C は共通の電源を用いることができます。

$$素子抵抗比\ \eta = \frac{R_S（ガス中の素子抵抗）}{R_{S0}（清浄な空気中の素子抵抗）}$$

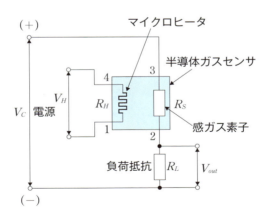

図9－46　半導体式ガスセンサの回路構成

[例題9-5]

図9-46の回路構成で、ヒータ抵抗$R_H=59\,[\Omega]$、センサ抵抗$R_S=20\,[k\Omega]$としたときのヒータの消費電力P_Hと感ガスセンサの消費電力P_Sを求めなさい。ただし、電源電圧は$V_H=V_C=5\,[V]$、負荷抵抗は$R_L=15\,[k\Omega]$であるとする。

[解答]

ヒータの消費電力は

$$P_H = \frac{V_H^2}{R_H} = \frac{5^2}{59} = 0.424\,[W] = 424\,[mW]$$

が得られます。

感ガスセンサの消費電力は

$$P_S = R_S \left(\frac{V_C}{R_S+R_L} \right)^2 = 20 \times 10^3 \times \left(\frac{5}{20 \times 10^3 + 15 \times 10^3} \right)^2$$
$$= 0.4 \times 10^{-3}\,[W] = 0.4\,[mW]$$

が得られます。

これらの消費電力はセンサ回路を設計する際に考慮する必要があります。

答:$P_H=424\,[mW]$、$R_S=0.4\,[mW]$

9-7-3 半導体式ガスセンサでにおいを測定する

市販のにおいセンサ(神栄製ハンディにおいモニターOMX-GR、写真9-4)を使用して身近なにおいを測定します。このにおいセンサは、本体にマイクロポンプが内蔵されており、におい源を吸引口から吸い込み、内部の半導体ガスセンサでにおい成分を検出し、電気信号に変換した後、ディスプレイ上においのレベルをデジタル表示します。

表示値のゼロ調整は、清浄な空気中で行い、測定表示値をゼロになるように調整します。においセンサは電源を入れてから数分後に測定可能となります。これは、図9-46で説明したように、半導体ガスセンサに集積されたマイクロヒータが過熱し、半導体式ガスセンサ内部の感ガス素子を特定の高温状態に保つためです。

測定方法は、透明アクリル密閉容器(30cm立方体)ににおい源とにおいセンサを入れます(写真9-5)。においセンサの表示値が増加し、ほぼ飽和状態に達したときの値を読み取ります。測定例を表9-8に示します。

写真9−4 においセンサ

写真9−5 におい測定の様子（測定対象：コヒー）

表9−8 におい測定例

対象物	測定値
コヒー	492
煎茶	289
玄米茶	13
チョコレート	62
香水	734
金木犀	330
アセトアルデヒド	626

9-7 半導体式ガスセンサ

[例題 9-6]

次の半導体デバイス（半導体素子）の変換について、誤りがあれば訂正しなさい。

(1) CdS　　　　　　　　　光 ⇒ 電気抵抗
(2) ホール素子　　　　　　温度 ⇒ 電圧
(3) フォトダイオード　　　光 ⇒ 電圧
(4) 太陽電池　　　　　　　光 ⇒ 電圧
(5) 半導体ストレンゲージ　磁気 ⇒ 電気抵抗
(6) サーミスタ　　　　　　光 ⇒ 電気抵抗
(7) 半導体ガスセンサ　　　におい分子 ⇒ 電気抵抗
(8) LED　　　　　　　　　電流 ⇒ 光

[解答]

(1)は正しいです。CdS（硫化カドミウム）は、照射する光の量に応じて抵抗値が変化する性質をもつ半導体です。この性質を光導電効果といいます。光が多く照射するほど抵抗値が小さくなり、その変化は非常に大きいので光センサとして使用されます。可視光だけでなく、赤外線や紫外線にも反応するので広く利用されています。

(2)は誤りです。ホール素子はホール効果を利用した磁界検出素子です。p形またはn形の半導体に電流を流し、同時に垂直方向に磁場をかけると、電流と磁場の両方に直交する方向に起電力を誘起します。

(3)は正しいです。フォトダイオードは光量を電圧に変換する半導体デバイスです。光起電効果を利用しています。発生する電圧を光起電力といいます。ダイオードのpn接合に十分なエネルギーをもった光（光子）が入射すると電子・正孔対（自由電子と自由正孔のペア）が生成され、これが接合部から移動して光電流を生みます。

(4)は正しいです。太陽電池はフォトダイオードを集積したデバイスなので、光が照射すると起電力を誘起します。特性曲線内で電圧と電流の積（面積）が最大になるように使用します。

(5)は誤りです。半導体ストレンゲージは機械量であるひずみ（変位）を電気抵抗に変換する半導体デバイスです。ピエゾ抵抗効果を利用しています。

(6)は誤りです。サーミスタは温度変化に対して大きな電気抵抗の変化を示す半導体デバイスです。一般的なNTCサーミスタは温度上昇に伴って抵抗値が減少します。

(7)は正しいです。半導体式ガスセンサは臭気（におい）のある還元性の可燃ガ

ス（エタノール、アンモニアなど）を選択的に検出して電気抵抗（導電率）の変化を示す半導体デバイスです。感ガス素子には酸化スズなどの酸化物半導体を使用します。

(8)は正しいです。LED は pn 接合に順方向の電圧を印加し、電流を流すことにより発光する半導体デバイスです。電圧を加えたことにより、pn 接合部に拡散した少数キャリアの電子と正孔が反対の電荷をもつ多数キャリアと再結合する際に光を放出します。光起電効果の逆のメカニズムになります。

<u>答：誤りは(5)と(6)　訂正は上記の説明</u>

付録

付録A フォトカプラ

一般に、機械制御や ON/OFF 制御のスイッチングには、電磁リレーや押しボタンスイッチなどが用いられてきました。これらはメカ機構をもった有接点方式であるため、接点の劣化、アーク放電によるノイズ発生を伴うなどの欠点がありました。これに対して半導体素子を使用した無接点スイッチは接点をもたないため長寿命の使用が可能であり、さらに TTL レベルで制御が可能であるため制御機器に広く用いられてきました。赤外 LED とフォトトランジスタを光結合させた光制御素子の1つであるフォトカプラについて説明します。

A－1　フォトカプラの基本構成

フォトカプラとは、発光素子（赤外 LED）と受光素子（フォトトランジシタ）を対抗させ、光によって入出力信号が得られるようにカプリングさせた素子です。制御素子として広く利用されています。

フォトカプラの基本構成を図A－1に、市販のフォトカプラ（1回路、4ピン）を写真A－1に示します。フォトカプラの最大の特徴は入力端子と出力端子が完全に絶縁されていることです。入出力間は光のみで結合されているので、入力信号にノイズが進入しても出力側には伝播されません。このことから耐ノイズ性に優れています。

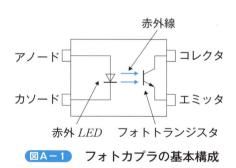

図A－1　フォトカプラの基本構成

写真A-1 フォトカプラ

A-2 フォトカプラの使用例

　フォトカプラの使用例を図A-2に示します。フォトカプラの入力側である赤外LEDに入力電流（直流順電流）I_Rを$50mA$（最大定格$70mA$）まで流したときの出力側のフォトトランジスタのコレクタ―エミッタ間電圧V_{CE}と出力側回路のコレクタ電流I_Cを測定します。測定結果を図A-3、図A-4に示します。

　図A-3から赤外LEDの入力電流I_Rが大きくなれば、LEDからの放射出力が大きくなり、フォトトランジスタのコレクタ―エミッタ間電圧V_{CE}が小さくなります。測定例では、$I_R>30\,[mA]$では、$V_{CE}>2\,[V]$となります。また、図A-4から入力電流I_Rが大きくなれば、コレクタ電流I_Cも大きくなり、フォトトランジスタは次第に飽和領域に移行していきます。

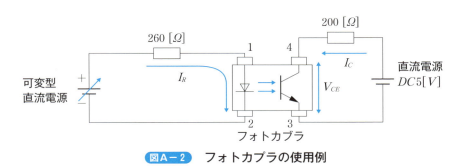

図A-2 フォトカプラの使用例

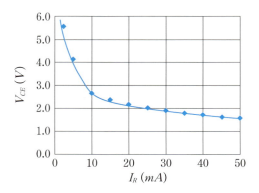

図A－3 フォトカプラの直流順電流 I_R とコレクタ―エミッタ間電圧 V_{CE} の関係

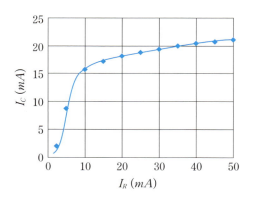

図A－4 フォトカプラの直流順電流 I_R とコレクタ電流 I_C の関係

付録

付録B 赤外線センサ

　赤外線を検知する方法は、冷却型（量子型）と非冷却型（熱型）に大別されます。冷却型の赤外線センサは、光エネルギーによる電気現象を利用したもので、フォトダイオードやフォトトランジスタなどが用いられています。光が pn 接合に入射したときに生じる電荷を検出する方法です。非冷却型の赤外線センサは、焦電効果を利用したもので、焦電素子の抵抗変化を利用したボロメータなどが用いられます。

　以下に、焦電素子を使用した焦電型赤外線センサ、ボロメータを使用した赤外線サーモグラフィについて説明します。

B-1　焦電素子を使用した焦電型赤外線センサ

　焦電素子は焦電効果を応用した半導体デバイスです。焦電効果とは物質に温度変化を与えると、物質の表面に温度の変化に応じた電荷が発生する効果をいいます、別名、パロイ効果といいます。焦電素子の分極のイメージを図B-1に示します。定常時（t [℃]）は素子表面の＋電荷と－電荷は空気中の逆極性の電荷と結合し電気的に中和されます。素子表面の温度が Δt [℃] 変化すると、その温度変化に応じて分極の大きさが変化し、これにより安定時の電荷の中和状態が崩れ電気的に不平衡になり、余分の電荷が素子表面の電極を通して外部に取り出すことができます。

　焦電素子で、最も広く使用されているのが PZT（$piezoelectric\ transducer$ の略）です。強誘電体セラミックの一つです。PZT に数千ボルトの高電圧を印加して図B-1（a）のように分極させておきます。

　焦電素子の応用例として、焦電型赤外線センサがあります（写真B-1）。PZT 素子と微弱信号を増幅させるための電界効果型トランジスタ（FET）を1つのパッケージに内蔵させてデバイス構成にしています（図B-2）。多くの焦電型赤外線センサの波長感度は、窓材（フィルタ）により大略 5～14μm の範囲です。また、焦電素子の分極から中和までの緩和時間は、素子の大きさで決まり、0.1Hz～10Hz 程度です。緩和時間が長いほど検出感度は大きくなります。

付録B　赤外線センサ

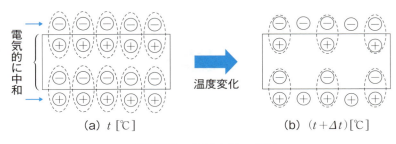

(a) t [℃]　　　　(b) $(t+\Delta t)$ [℃]

図B-1　焦電素子の分極

写真B-1　焦電型赤外線センサ

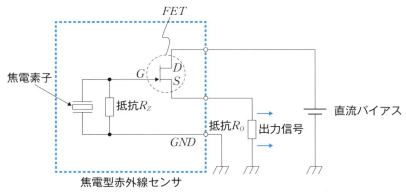

図B-2　焦電型赤外線センサの使用例

B−2　ボロメータを使用した赤外線サーモグラフィ

　赤外線サーモグラフィは、測定対象物から出ている赤外線放射エネルギーを検出し、対応した見かけの温度に変換し、温度分布を熱画像として画像表示する装置あるいはその測定方法をいいます。測定装置と測定方法を分けると、測定装置そのものを赤外線サーモグラフ（*Infrared Thermograph*）、測定法を赤外線サーモグラフィ（*Infrared Thermography*）と呼んでいます。通常は、測定装置、方法を総称して赤外線サーモグラフィと呼称しています。

　赤外線サーモグラフィの測定原理のイメージを図B−3に示します。

　測定対象である物体から放射する赤外線を赤外線サーモグラフィの特殊なレンズ（通常の石英ガラスは赤外線を透過しないので、赤外線を透過するゲルマニウム製のレンズを使用する）で集光し、内部の温度センサである赤外線検出素子で検出します。赤外線検出素子には、非冷却型のマイクロボロメータ（抵抗式熱型検出器、写真B−2）が使用されます。マイクロボロメータは、受光部に赤外線が当たると素子自体が加熱されその温度上昇によって抵抗値が変化します。計測法としては、抵抗値の変化量を電気信号に変換して出力として取り出します。赤外線サーモグラフィの信号処理の流れを図B−4に示します。

　マイクロボロメータで検出された信号はアンプを通してアナログデータからデジタルデータに変換され、専用の*CPU*で演算、補正した後、熱画像が表示される仕組みになっています。

　マイクロボロメータは、赤外線を検出することによって検出素子自体の温度が上昇します。この温度上昇を抑えるために、ペルチェ素子を利用して検出素子を一定温度に保持しています。赤外線サーモグラフィの熱雑音の影響を抑えるとともに、検出精度を高めるためです。このように素子の温度を一定に保つことは非常に重要で、素子の周囲の温度制御には高度な冷却技術が必要とされています。

付録B 赤外線センサ

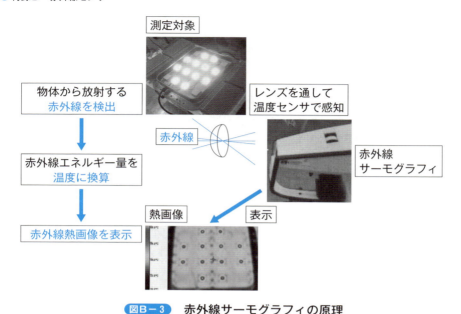

図B-3 赤外線サーモグラフィの原理

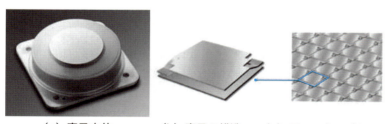

(a) 素子本体　　(b) 素子の構造　　(c) フォーカルプレーンアレイ構造

写真B-2 マイクロボロメータの構造

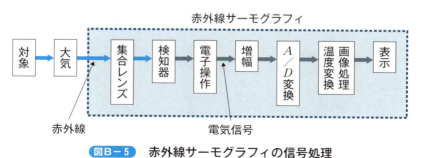

図B-5 赤外線サーモグラフィの信号処理

付録C ダイオードとトランジスタの名前

　ダイオードとトランジスタの名前は、最初の3桁の"形名"とこれに続く"登録番号"で成り立っています（図C-1）。登録番号は、社団法人日本電子機械工業会 *EIAJ* が管理しています。この名前を見れば、ダイオードなのか、トランジスタなのか、または *FET*（*Field Effect Transistor* の略、電界効果トランジスタと呼称）なのか？　また、低周波用なのか、高周波用なのか？　さらにバイポーラトランジスタであれば *npn* 形なのか、*pnp* 形なのか？　といった区別がつきます。

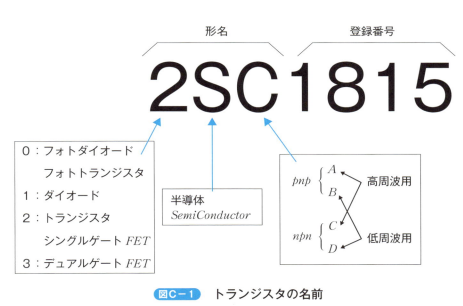

図C-1 トランジスタの名前

付録D 半導体の図記号

ダイオードやトランジスタなどの半導体デバイス、スイッチなどの制御機器の図記号は、日本工業規格（*JIS*）で制定されています。平成17年10月1日に新*JIS*が施行されました。本文で説明した半導体デバイスや増幅回路で使用されている電池（直流電源）、交流や三角波電源などの図記号を表D－1に示します。

表D－1 新 *JIS* による図記号

名称	図記号	名称	図記号	名称	図記号
電池		可変抵抗器（2端子）		フォトトランジスタ（*npn*形）	
電源（交流）		可変抵抗器（3端子）		フォトトランジスタ（*pnp*形）	
電源（三角波）		コンデンサ		フォトカプラ	
接地		可変コンデンサ		太陽電池	
オシロスコープ		半導体ダイオード		光導電セル（*CdS*）	
電圧計	V	*npn*トランジスタ		発光ダイオード	
電流計	A	*pnp*トランジスタ		NTCサーミスタ（直熱形）	NTC
接続点	●	Nチャネル接合型 *FET*		サーミスタ（直熱形）	t°
端子	○	Pチャネル接合型 *FET*		ホール素子	X
抵抗器		フォトダイオード		磁気抵抗素子	x

付録E　元素の周期表

本文に出てくる半導体のⅢ族（B、Ga など）、Ⅳ族（Si、Ge など）、Ⅴ族（Sb、P など）の元素は「元素の周期表」を参照することができます。

表E-1 元素の周期表

索 引

数字
1段トランジスタ増幅回路	101
2端子素子	68
2端子素子	122, 147
2ポート	122
4個の価電子	23
4端子網	122
Ⅲ族	23
Ⅳ族	23
Ⅴ族	23

A
acceptor	25
Anode	68
avalanche breakdown	54

B
backward current	51
backward voltage	50, 54
base	58
base transport effciency	64
bipolar transistor	58
B定数	160

C
Cathode	68
CdS	152, 188
CdSセル	152
CdSの照度特性	155
CdSの分光特性	152
collector	58
Critical Temerature Resister	159
CTR	159

D
diffused junction	43
donor	25
drift	34

E
Electirc Volt	20
electron avalanche	55
emitter	58
emitter efficiency	63
eV	20

F
Forward	122
forward current	50
forward voltage	50

H
h_F	124
h_{fe}	85, 126, 127
h_{FE}	79, 85, 86, 125, 148
h_I	124
h_{ie}	127
h_{IE}	125
h_O	125
h_{oe}	127
h_{OE}	125
h_R	124
h_{re}	127
h_{RE}	125
hパラメータ	124, 125, 128

I
I_{CBO}	80
I_{CEO}	80, 92
I_{Cmax}	83, 104
IC温度センサ	162
I_{EBO}	80
Infrared Thermography	197
injection	49
Input	122

J
junction	42

索引

K
k - 表示   177

L
LED   175, 189
LED チップ   182
Light Emitting Diode   175

M
majority carrier   31
minority carrier   31
mobility   35
multiplication region   54

N
negative feedback   96
Negative Temerature Coefficient   159
npn トランジスタ   58, 147
npn トランジスタの増幅率   148
NTC   159
NTC サーミスタ   159, 188
n-type semiconductor   25
n 形   16
n 形半導体   25

O
Output   122

P
P_C 83, 104
P_{Cmax} 83, 104
Photo Diode   139
Photo Transistor   147
photon   136
piezoelectric transducer   195
pn junction   42
pn 接合   42, 137, 147, 148, 182, 189
pn 接合の結晶性   51
pn 接合の電圧－電流特性   50
Positive Temerature Coefficient   159
PTC   159
p-type semiconductor   25
PZT   195
p 形   16
p 形半導体   25

R
Reverse   122
reverse current   50
reverse voltage   50
reverse voltage breakdown   54
R パラメータ   122, 123
r - 表示   177

S
Si   13, 21
Solar battery   144

T
Thermistor   159
transport factor   64

V
$V_{BE}-I_B$ 特性   94
V_{CEmax} 83, 104
V_{CEOmax} 104
$V-I$ 特性   75

Z
zener breakdown   54
zener effect   55

ギリシャ文字
γ 値   155
γ 特性   155
κT 22

あ
アクセプタ   25, 33
アクセプタイオン   42
アクセプタ準位   28, 33
アノード   68
アレニウスプロット   13
安全領域   83, 90, 104, 108
安定係数   109, 110

い
移動度   15, 35
陰イオン   25
インピーダンス・パラメータ   122

え

エネルギーギャップ	20, 136, 177
エネルギーバンド図	20, 28
エミッタ	58
エミッタ効率	63
エミッタ接地1段トランジスタ増幅回路	131
エミッタ接地のコレクタ遮断電流	80
エミッタ抵抗	60
エミッタ領域	59
エレクトロンボルト	20

お

オシロスコープの X–Y 法	69, 88
オーミック接触	181

か

開放電圧	144
可逆的	54
拡散	47, 59
拡散型半導体式圧力センサ	171
拡散距離	42, 59, 176
拡散現象	61
拡散接合	43
拡散電位	42, 176
拡散電位差	42, 44, 47
可視光対応の CdS	152
過剰電子	24
カソード	68
活性状態	59
活性層	181
活性領域	105
カットオフ周波数	112
価電子帯	20
カプリング	192
感ガス素子	185
還元性の可燃性ガス	184, 188
間接遷移形	177, 180
間接遷移形半導体	180

き

帰還抵抗	96, 109, 122
逆電圧	50
逆電圧降伏	54
逆電流	50
逆バイアス	49, 61, 141
逆方向（$Reverse$）の抵抗	123
キャリア	15
共有結合	23
禁制帯	20

く

空乏層	42
クラッド層	181
クーロン	15

け

形状効果	167
ゲージ率	170
ゲルマニウム	23
ゲルマニウム原子	23
限界振動数	136
限界波長	136
元素の周期表	201

こ

光子	136
高電界	61
光電セル	152
降伏電圧	54, 64
交流の場合の電流増幅率	85, 126
交流負荷線	101
固定バイアス回路	92
固定バイアス法	92
固有抵抗	12, 14, 169
コレクタ	58
コレクタ効率	64
コレクタ遮断電流	92
コレクタ接合	58
コレクタ損失	83, 104
コレクタ抵抗	60
混合定数	124
コンダクタンス	125, 131

さ

サーミスタ	159, 188
再結合	177, 189
最大コレクタ損失	83, 104
最大定格	103
三角波	69

索　引

| 酸化物半導体 | 185 |

し

磁界	167
磁気抵抗素子	167
時定数	112
ジーメンス	125
ジャンクション	42
受圧ダイヤフラム	171
自由電子	24
周波数	112
充満帯	20
受光素子	192
ジュール	22
出力コンダクタンス	127
出力端短絡電流利得	124
出力端短絡入力インピーダンス	124
出力抵抗	132
順電圧	50
順電流	50
順バイアス	48
順方向（$Forward$）の抵抗	123
小信号等価回路	131
少数キャリア	31, 47
状態密度関数	30
焦電型赤外線センサ	195
焦電効果	195
焦電素子	195
照度特性	152
シリコン	12, 13, 20, 22, 23
シリコン結晶	27
シリコン原子	23
シリコンダイオード	68
シングルヘテロ構造	182
真性半導体	13, 23, 32

す

| 図記号 | 200 |
| ストレンゲージ | 171 |

せ

制御電流	165
正孔	15
正孔拡散距離	63
正孔電流	59

正孔密度	47
整流作用	68
整流性	68, 73
整流特性	50
整流用ダイオード	68
赤外 LED	192
赤外線サーモグラフィ	197
積感度	165
接合トランジスタ	58, 79
接合領域	42
接触電位差	42
遷移領域	42, 55

そ

双曲線	83, 104
増倍領域	54
増幅率	86
素子-抵抗比	185

た

第1象元	50
第3象元	50
ダイオード係数	51
ダイオードとトランジスタの名前	199
ダイオードの V–I 特性	75, 76
ダイオードの整流特性	75
ダイオードの電圧（V）–電流（I）特性	70
太陽電池	144, 188
太陽電池の電圧–電流特性	144
多結晶	16
多数キャリア	31
ダブルヘテロ構造	181
単結晶	16
短絡電流	139, 144

ち

注入	49, 61
重畳の定理	122
直接遷移形	177, 178
直接遷移形半導体	178
直流電流増幅器	79
直流の場合の電流増幅率	85
直流負荷線	99

つ

ツエナー効果	55
ツエナー降伏	54

て

抵抗の変化率	167
抵抗分圧法	159
抵抗率	12, 14, 37, 58, 63, 169
抵抗率の温度依存性	13
ディレーティング	90
電圧帰還比	127
電圧源	131
電圧増幅度	62
電圧増幅率	132
電圧－電流特性	88
電圧の限界	83
電圧モードリニアライズ	159
電位障壁	42, 176
電子	15
電子・正孔対	55, 137, 148, 177
電子・正孔対の数	151
電子電流	59
電子と正孔の対	136
電子雪崩	55
電子雪崩降伏	54
電子の電荷量	15
電子密度	47
伝達抵抗	123
伝達特性	86
伝導帯	20
電流帰還バイアス回路	96, 101
電流帰還バイアス法	95
電流源	131
電流増幅率	85, 124, 125, 127, 132
電流の限界	83, 104
電流のパス	167
電流密度	36
電力増幅度	60
電力増幅率	132

と

動作点	103, 108, 118, 140
到達率	63
導電率	37, 151, 184, 189
ドーピング	13, 16, 23
ドーピング量	15
ドナー	25, 32, 33
ドナーイオン	42
ドナー準位	28, 32
トランジスタ増幅回路	116
トランジスタの $V_{BE} - I_B$ 特性	96
トランジスタの出力特性	83, 101, 104
トランジスタの増幅作用	148
トランジスタの増幅率	118
トランジスタの伝達特性	85
トランジスタの入力特性	88
ドリフト	34, 59, 61
ドリフト速度	15, 35, 36
ドリフト電流	47
トンネル効果	55

に

入力インピーダンス	127, 131
入力端開放帰還電圧比	124
入力端開放出力アドミタンス	125
入力抵抗	60, 132
入力特性	88

ね

ネガティブ・フィードバック	96
熱エネルギー	22
熱平衡状態	47, 48, 59

の

濃度勾配	42

は

バイポーラトランジスタ	58, 79
波形ひずみ	103
発光効率	178
発光再結合	178
発光素子	192
発光ダイオード	175
発生率	151
バルク型半導体式圧力センサ	171
パロイ効果	195
半導体式ガスセンサ	184, 188
半導体ストレンゲージ	171, 173, 188
バンドギャップ	22

索 引

ひ

ピエゾ抵抗効果	169, 170, 188
光起電効果	136, 137, 139, 188
光起電力	137, 139, 188
光導電効果	151, 152, 188
比視感度	179
非晶質	16
ひずみ	170
ひずみ感度	170
ひずみゲージ	171
ひずみ量	170
非直線性	75
非直線的特性	73
比抵抗	169
微分抵抗	76
平等電界	34

ふ

フェルミ準位	29, 30
フォトカプラ	192
フォトダイオード	139, 144, 188
フォトダイオードの電圧‒電流特性	149
フォトダイオードの電圧(V)‒電流(I)特性	140
フォトトランジスタ	147, 192
フォトン	136
負荷線	99, 103, 108, 149
負荷電流	139
負帰還	96
不純物	16
不純物濃度	13, 15, 58
不純物半導体	23, 25, 28
不純物準位	32, 33
ブリッジ回路法	159
フレーミングの左手の法則	165, 167
分布関数	30

へ

ベース	58
ベース・エミッタ間電圧	162
ベース・エミッタ間の電圧‒電流特性	94
ベース・コレクタ接合	61
ベース接地のコレクタ遮断電流	80
ベースブリーダ法	95
ベース輸送効率	64
ベース領域	58, 59
変換抵抗	123

ほ

ポアソン比	170
放射再結合	178
ホール	15
ホール係数	165
ホール効果	165, 188
ホール素子	165, 188
ホール電圧	165
ボルツマン定数	22

ま

マイクロボロメータ	197

み

密度勾配	59

も

漏れ電流	80

よ

陽イオン	25

り

リーク抵抗	94
リーク電流	92, 94
リサージュ図形	70
リサージュ法	88
理想係数	51
利得	60
利得係数	151
理論限界変換効率曲線	146

ろ

ローパスフィルタ	112
ローレンツ力	165, 167

■著者紹介

臼田 昭司（うすだ しょうじ）

1975 年	北海道大学大学院工学研究科修了 工学博士
	東京芝浦電気㈱（現・東芝）などで研究開発に従事
1994 年	大阪府立工業高等専門学校総合工学システム学科・専攻科 教授
2008 年	大阪府立工業高等専門学校地域連携テクノセター・産学交流室長、華東理工大学（上海）客員教授、山東大学（中国山東省）客員教授、ベトナム・ホーチミン工科大学客員教授
2013 年	大阪電気通信大学客員教授＆客員研究員、立命館大学理工学部兼任講師
	現在に至る

専門：電気・電子工学、計測工学、実験・教育教材の開発と活用法
研究：リチウムイオン電池と蓄電システムの研究開発、リチウムイオンキャパシタの応用研究、企業との奨励研究や共同開発の推進など。平成 25 年度「電気科学技術奨励賞」（リチウムイオン電池の製作研究に関する研究指導）受賞
主な著者：『読むだけで力がつく電気・電子再入門』（日刊工業新聞社 2004 年）、『はじめての電気工学』（森北出版社 2014 年）、『はじめての電気回路』（技術評論社 2016 年）他多数

例題で学ぶ はじめての半導体

2017 年 2 月 25 日 初版 第 1 刷発行

●装丁	辻聡	
●組版＆トレース	株式会社キャップス	
●編集	谷戸伸好	

著　者	臼田昭司	
発行者	片岡　巌	
発行所	株式会社 技術評論社	
	東京都新宿区市谷左内町21-13	
	電話　03-3513-6150　販売促進部	
	03-3267-2270　書籍編集部	
印刷／製本	株式会社加藤文明社	

定価はカバーに表示してあります。

本書の一部または全部を著作権法の定める範囲を超え、無断で複写、複製、転載、テープ化、ファイル化することを禁じます。

造本には細心の注意を払っておりますが、万一、乱丁（ページの乱れ）や落丁（ページの抜け）がございましたら、小社販売促進部までお送りください。送料小社負担にてお取り替えいたします。

©2017 臼田昭司
ISBN978-4-7741-8643-6　C3055
Printed in Japan

■お願い

　本書に関するご質問については、本書に記載されている内容に関するもののみとさせていただきます。本書の内容と関係のないご質問につきましては、一切お答えできませんので、あらかじめご了承ください。また、電話でのご質問は受け付けておりませんので、FAX か書面にて下記までお送りください。
　なお、ご質問の際には、書名と該当ページ、返信先を明記してくださいますよう、お願いいたします。

宛先：〒162-0846
　　　東京都新宿区市谷左内町21-13
　　　株式会社技術評論社　書籍編集部
　　　「はじめての半導体」質問係
　　　FAX：03-3267-2271

ご質問の際に記載いただいた個人情報は質問の返答以外の目的には使用いたしません。また、質問の返答後は速やかに削除させていただきます。